Harald Grundner

Produkte mit PEP
Prozesse – Rollen - Kompetenzen

Bibliografische Information der Deutschen Nationalbibliothek:

Die Deutsche Nationalbibliothek verzeichnet diese Publikation in der Deutschen Nationalbibliografie; detaillierte bibliografische Daten sind im Internet über http://dnb.dnb.de abrufbar.

© 2013 Harald Grundner

Illustration: Harald Grundner

Herstellung und Verlag: BoD – Books on Demand GmbH, Norderstedt

Kleingedrucktes:
Alle Rechte, insbesondere das Recht der Vervielfältigung und Verbreitung sowie der Übersetzung vorbehalten. Kein Teil des Werkes darf in irgend einer Form (durch Fotokopie, Mikrofilm oder ein anderes Verfahren) ohne schriftliche Genehmigung des Verlages reproduziert oder unter Verwendung elektronischer Systeme verarbeitet oder verbreitet werden.

Alle in dieser Veröffentlichung enthaltenen Angaben, Ergebnisse usw. wurden vom Autor nach bestem Wissen erstellt und von unbeteiligten Fachleuten mit größtmöglicher Sorgfalt überprüft. Gleichwohl sind inhaltliche Fehler nicht vollständig auszuschließen. Daher erfolgen alle Angaben ohne jegliche Verpflichtung oder Garantie des Verlages oder des Autors. Sie garantieren oder haften nicht für etwaige inhaltliche Unrichtigkeiten (Produkthaftungsausschluss).

Printed in Germany

ISBN: 978-3-7322-3769-2

Inhaltsverzeichnis

Herausforderungen und Handlungsbedarf	5
Der Standard Produkt-Entwicklungs-Prozess	7
Das neue Prozessmodell der **PEP**-$VR^©$	9
Prozesse im **PEP**-$VR^©$ und deren Ziele Prozesse des Produkt-Entwicklungsprozesses	15
Prozesse im **PEP**-$VR^©$ und deren Ziele Unterstützende Prozesse	39
Rollen im **PEP**-$VR^©$ Aufgaben, Rechte, Verantwortung, zeitl. Gültigkeit	61
Benötigte Kompetenzen im **PEP**-$VR^©$	93
Verzeichnis der Abbildungen	105
Literaturverzeichnis	106
Bücher aus der Reihe „Produkte mit PEP"	106
Persönliche Referenzen von InnoVAVE-Harald Grundner	107

Herausforderungen und Handlungsbedarf

Der Anbieter-Markt der 1970 und 1980er Jahre hat sich zum Nachfrager-Markt entwickelt, was steigende Nachfrage nach kundenindividuellen Lösungen bei immer kürzeren Entwicklungszeiten bedeutet. Bisher lokale Unternehmen agieren global in immer rauerem Wettbewerbsumfeld mit sinkenden Produktpreisen und häufig deutlich gestiegenem Entwicklungsaufwand.

Die technologische Spezialisierung bedingt in der Regel die Vernetzung mehrerer Unternehmen um ein Entwicklungsprojekt zu bewältigen.

In einem derartigen Umfeld Produkte und Leistungen zu entwickeln ist spannend und herausfordernd, von der Definition der Anforderungen bis zur Präsentation des Ergebnisses beim Kunden.

Das Werkzeug Projektmanagement hat, um erfolgreich zu sein, folgende Aspekte zu berücksichtigen

- Ein normiertes Prozessgerüst mit aufgabenspezifisch wählbaren Standard-Prozess-Modulen
- Vernetzung von Markt/ Kunden und Projekt und von Entwicklung und Evaluierung
- Nutzen vorhandener Lösungen und Standardisierung
- Befähigen der Mitarbeiter rasch Entscheidungen zu treffen
- Nutzen eines einheitlichen Dokumentationssystems
- Anbieten eines standardisierten Bewertungsmodells um den Prozess zu bewerten und weiter zu entwickeln.

Der Standard Produkt-Entwicklungs-Prozess (PEP)

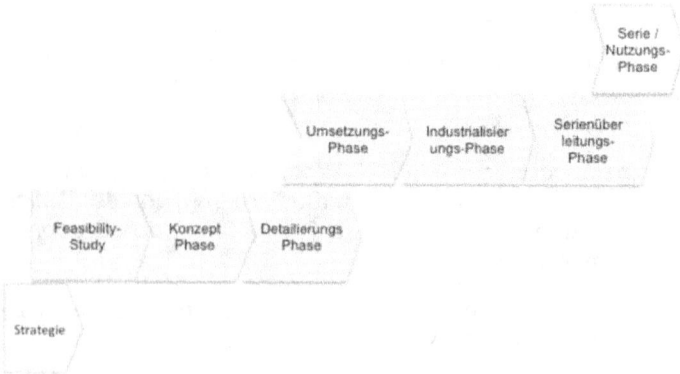

Abbildung 1 Der Standard – PEP (lineares Phasenmodell)

Der Standard Produkt-Entwicklungs-Prozess (PEP)

Der Standard-PEP ist in seiner in vielen Unternehmen angewendeten konsekutiven Form schwerfällig und nicht mehr zeitgemäß.
Er erfüllt die vom Markt an die Unternehmen gestellten Forderungen nach
- Schnelligkeit (Time-to-market)
- Realisierung kundenspezifischer Lösungen (Customizing von Produkten)
- weltweite Vernetzung von Unternehmen zur
  - Generierung (local content) und
  - Vermarktung (think global) von Produkten
- hoher Kosteneffizienz (Wertorientierung)

in zu geringem Maße und berücksichtigt
- Erfahrungswissen
  - intern (Lessons Learned)
  - extern (Gewährleistung, Service)
- erprobte Lösungen (Baukästen, Standards)

in vielen Unternehmen nur eingeschränkt.

Diese Aspekte entscheiden über Bestehen oder Scheitern eines Unternehmens im globalen Wettbewerb.
Zukunftsorientierte Unternehmen mit klarer Erfolgsausrichtung müssen reagieren und ihre Denkweise und den PEP den *neuen* Anforderungen anpassen.

Erfolg in der Zukunft erfordert Handeln – jetzt.

Das neue Prozessmodell
PEP-VR©

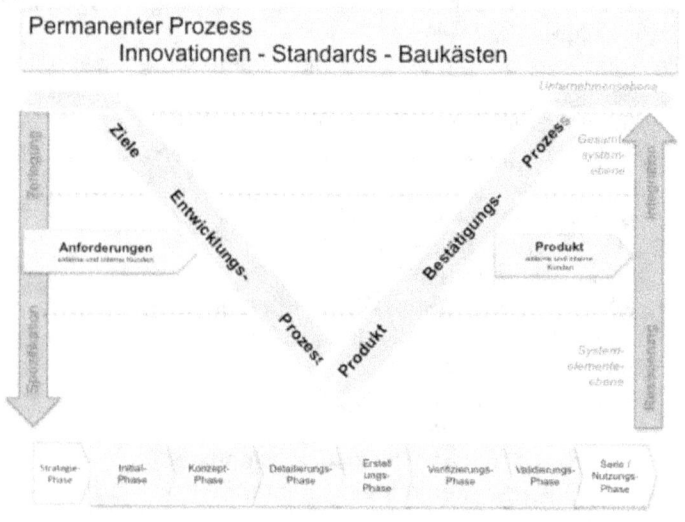

Abbildung 2 Prozessmodell PEP-VR© und der Standard PEP

Definition:
Produkt wird im gesamten Text als übergeordneter Begriff für ein materielles Produkt bsph. Fahrzeug oder immaterielles Produkt bsph Dienstleistung verstanden.

Das neue Prozessmodell

Leistungen bsph. Produkte, Dienstleistungen und immer mehr an Bedeutung gewinnende Hybride, die Kombination aus Produkt und produktbegleitenden Dienstleistungen zu entwickeln oder zu optimieren, bedingt im Unternehmen zwei miteinander verzahnte Prozesse zu installieren und zu pflegen.

- **Permanenter Prozess**
  Im *Permanenten Prozess* werden alle extern und intern für die Leistungsentwicklung des Unternehmens bsph. Gesetze/-sänderungen, Markt, Kunden, Trends, Innovationen... zentral gesammelt, ausgewertet, bewertet und als *Standard-Ziele/ Anforderungen* für die Verwendung in Projekten festgelegt. Standard-Ziele/ Anforderungen sind bsph. Unternehmens-Selbst-verständnis, Umweltkriterien, aber auch Produkt-Eigenschaften,....
  Der *Permanente Prozess* als übergeordneter Prozess ist auch die „Home-Base" der
  o Schnelligkeit fördernden *Baukästen, Standards* für Produkte und Dienstleistungen.
  o kundenspezifischen Lösungen.
  o *Innovationen*, welche Flexibilität und Differenzierung unterstützen.

Periodisch wird, abgestimmt mit der Unternehmensstrategie über die Nutzung des im *Permanenten Prozess* gesammelten Wissens entschieden.
Das Ergebnis dieses Abstimmungs- und Auswahlprozesses sind Projektaufträge mit klaren Vorgaben für
  - Standard Ziele/ Anforderungen und Eigenschaften
  - Anteil an Innovation(-snutzung)
  - Mindestanteil an Standards und Baukästen

Permanenter Prozess
Innovationen - Standards - Baukästen

Abbildung 3 Der *Permanente Prozess* – die Projektebasis

- **Produkt-Entwicklungs-Prozess**

  Der durch die Definition eines Projektauftrages angestoßene Produkt-Entwicklungs-Prozess (PEP) ist in zwei Abschnitte mit Entscheidungs- und Vereinbarungs-Punkten gegliedert.

  o *Ziele-Entwicklung-Prozess (ZEP)*
  Anforderungen und daraus abgeleitete *Eigenschaften* werden mit Ideen, Lösungen, Anteilen Innovation und Baukästen kombiniert und als Ziele, den endterminierten Ergebnissen des Projektes, mit allen Beteiligten vereinbart.
  Dies geschieht in Prozessphasen, in welche externe und interne Kunden intensiv eingebunden sind. Simultan zur Fixierung der Ziele werden die Kriterien und Prozesse zur Verifizierung und Validierung der Ziele erarbeitet.

  Das Ergebnis ist die **Vereinbarung Konzept**, das *Lastenheft*. Das Lastenheft ist das Dokument, in dem festgeschrieben ist, WAS erfüllt werden soll und welches von allen Beteiligten durch Unterschrift als verpflichtend vereinbart wird.

  Folgend werden die, zur Erfüllung der Ziele des *Vereinbarten Konzepts* nötigen Detaillösungen erarbeitet. Ein Prozessschritt, der weitgehend unternehmensintern unterstützt durch Konzept- und Serienlieferanten bearbeitet wird.
  Das Ergebnis ist die **Vereinbarung Produkt**, das *Pflichtenheft* mit der Beschreibung: WIE wollen wir die Ziele erfüllen und den Erfüllungsgrad nachweisen. Auch das Pflichtenheft ist ein Dokument, welches von allen Beteiligten durch Unterschrift als verpflichtend vereinbart wird.

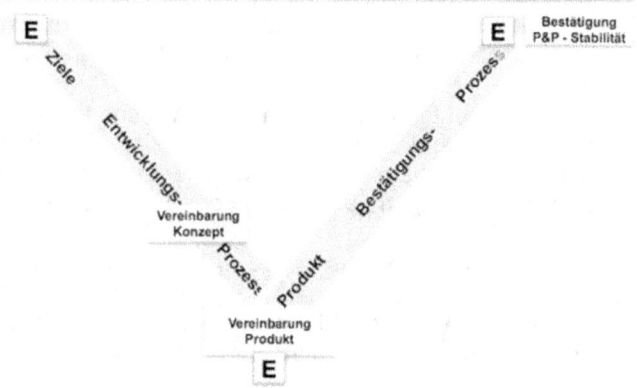

Abbildung 4 Die drei Leit-Prozesse im **PEP-**VR©

o *Produkt-Bestätigungs-Prozess (PBP)*

Das im *ZEP* in Einzelteile dekomponierte, spezifizierte und entwickelte/ konstruierte Produkt wird im PBP
- in drei Schritten realisiert und zum Gesamtsystem zusammengefügt.
- an den vereinbarten Kriterien gemessen und die Zieleerfüllung bestätigt.
- das Produkt mit der Freigabe Serie/ Nutzung für den Einsatz im Markt freigegeben.

Das Projekt wird mit **Bestätigung Produkt- und Prozessstabilität** beendet und die Verantwortung für Weiterentwicklung, Optimierung in der Regel an die Umsetzende Unternehmenseinheit mit „Hand-shake" übergeben.

Diese drei übergeordneten Prozesse bilden in ihrer Gesamtheit den

PEP-$VR^©$
Produkt-Entstehungs-Prozess –
V-orientiert, Ressourcenoptimiert

Prozesse im PEP-VR© und deren Ziele

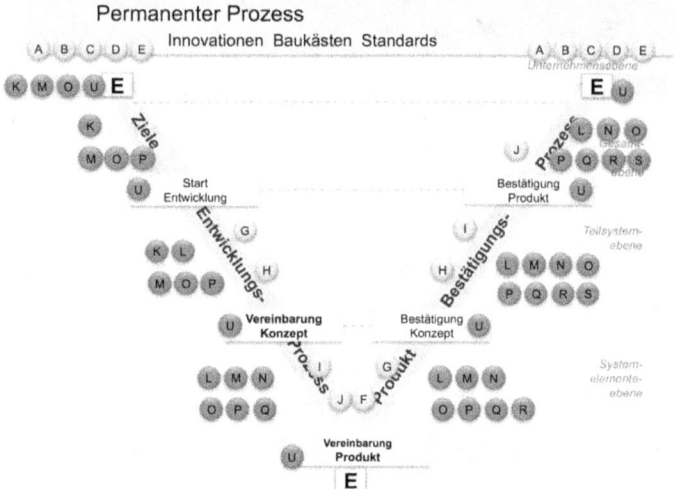

Abbildung 5 Prozesse im **PEP-VR©** - Überblick

Inhalte und Ziele der beschriebenen Prozesse orientieren sich an
CMMI DEV+IPPD Capability Maturity Model Integration (CMMI^{SM})for Develpment + Integrated Product and Process Development
CMM and Capability maturity Model are registered in the U.S. Patent and Trademark Office. CMM Integration, CMMI are service mark of Carnegie Mellon University

Prozesse im Produkt-Entwicklung-Prozess

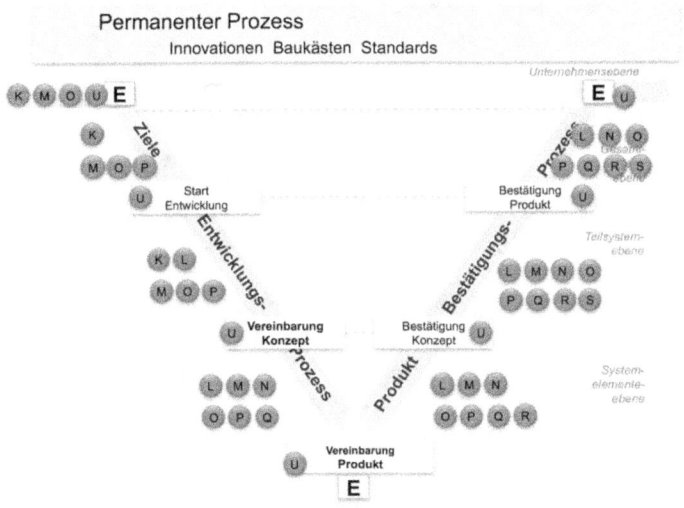

Abbildung 6 Produkt-Entwicklungs-Prozesse und deren Verortung im **PEP-VR**©

- Anforderungsentwicklung   Projekt
- Ziele- und Anforderungsmgmt.   Projekt
- Konfigurationsmanagement   Projekt
- Produktintegration   Projekt
- Ursachenanalyse/ -beseitigung Projekt
- Risikomanagement   Projekt
- Zulieferungsmanagement   Projekt
- Technische Umsetzung   Projekt
- Validierung   Projekt
- Verifizierung   Projekt
- Entscheidungsfindung   Projekt

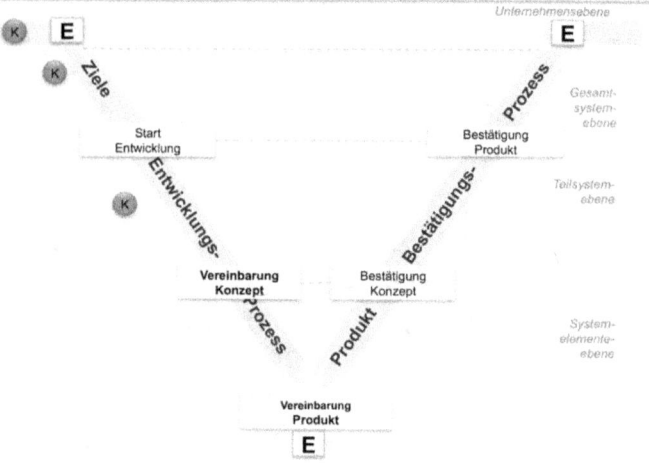

Abbildung 7 Prozess Anforderungsentwicklung im **PEP-VR**©

○ **Anforderungsentwicklung (K)**

- Inhalt des Prozesses
  - Beschreiben der drei Arten von Anforderungen: Kundenanforderungen, Produktanforderungen und Anforderungen an Produktbestandteile. Diese Anforderungen umfassen die Bedürfnisse der relevanten Stakeholder, der verschiedenen Produktlebenszyklusphasen und Produkt-Attribute
  - Die Anforderungen berücksichtigen außerdem die Einschränkungen, welche sich aus der Auswahl von Lösungsansätzen ergeben.

- Ziele des Prozesses
  - Kundenanforderungen sind analysiert, die Anforderungen an Produkte und Produktbestandteile daraus abgeleitet und entschieden.

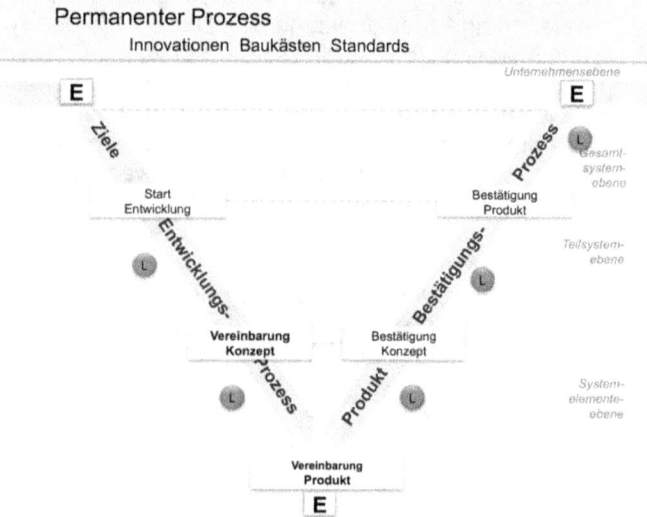

Abbildung 8 Prozess Ziele-/Anforderungsmanagement im **PEP-**$VR^©$

○ **Ziele- /Anforderungsmanagement (L)**

- Inhalt des Prozesses
  - Verwalten aller Anforderungen, die mit dem Projekt in Verbindung stehen. Dies beinhaltet auch die technischen und nicht-technischen Anforderungen sowie der Anforderungen der Organisation an das Projekt.
  - Die vereinbarten Anforderungen werden als Ziele definiert, um das Liefer- und Leistungsprogramm des Projekts zu planen.

- Ziele des Prozesses
  - Die Anforderungen an Produkte und Produktbestandteile des Projekts sind erfasst, Ziele daraus abgeleitet und kommittet. Inkonsistenzen zwischen Zielen/ Anforderungen und den Plänen und Arbeitsergebnissen des Projekts sind aufgezeigt und bearbeitet.

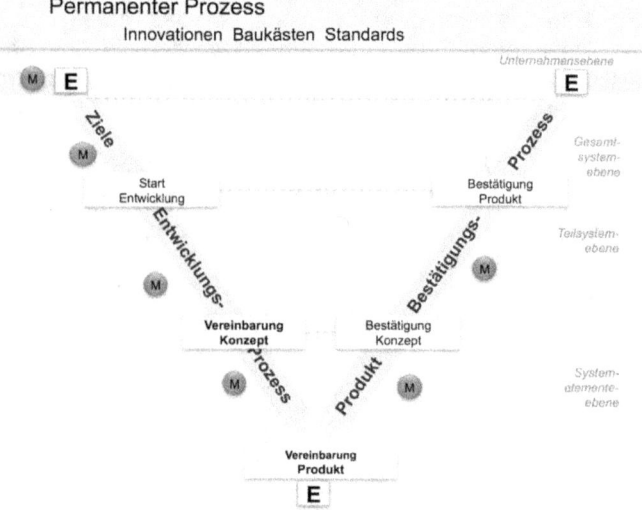

Abbildung 9 Prozess Konfigurationsmanagement im **PEP-VR**©

○ **Konfigurationsmanagement (M)**

- Inhalt des Prozesses
  - Die Konfiguration ausgewählter Arbeitsergebnisse, welche die Null-Linien für festgelegte Zeitpunkte ergeben, festlegen.
  - Erstellen von Arbeitsergebnissen basierend auf dem Konfigurationsmanagementsystem. Dazu Änderungen an Konfigurationseinheiten erfassen und Spezifikationen auf- oder bereitstellen. Die Integrität der Baselines erhalten.

- Ziele des Prozesses
  - Die Integrität der Arbeitsergebnisse ist gesichert durch Konfigurationsidentifikation, Konfigurationslenkung, Berichterstattung über den Konfigurationsstatus und Konfigurations-Audits.

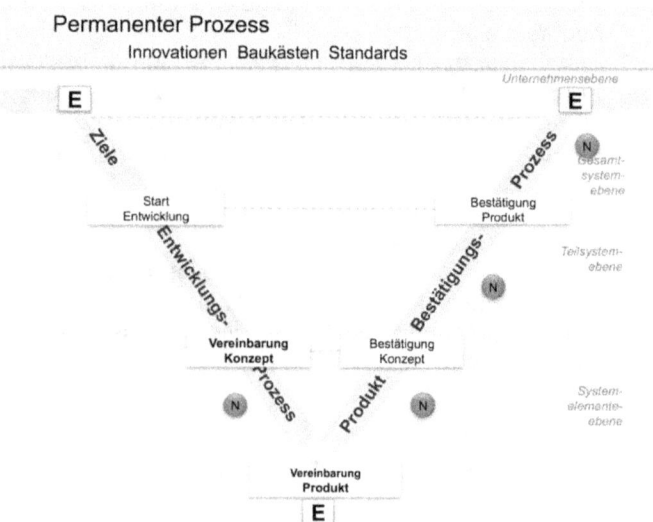

Abbildung 10 Prozess Produktintegration im **PEP-VR**©

- **Produktintegration (N)**
  - Inhalt des Prozesses
    - Schrittweiser Zusammenbau von Produktbestandteilen in einer oder mehreren Stufen nach einer festgelegten Integrationsreihenfolge und einem definierten Verfahren zur vollständigen Produktintegration.
    - Management interner und externer Schnittstellen des Produkts und der Produktbestandteile, um die Kompatibilität der Schnittstellen zu gewährleisten.
  - Ziele des Prozesses
    - Das Produkt wird aus den in Form und Funktion den Anforderungen entsprechenden Produktbestandteilen zusammengebaut, an den Kunden ausgeliefert.

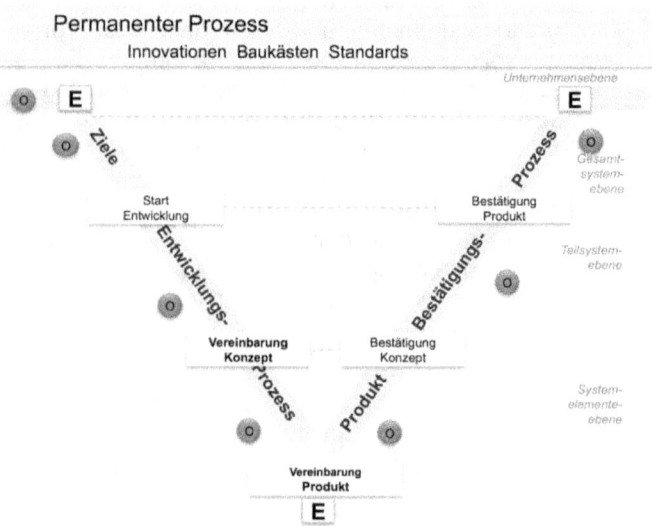

Abbildung 11 Prozess Ursachenanalyse/ Ursachenbehebung im **PEP-**$VR^©$

- **Ursachenanalyse/ Ursachenbehebung (O)**

  - Inhalt des Prozesses
    - Identifizieren und analysieren der Ursachen von Fehlern und anderer Probleme.
    - Ergreifen gezielter Aktionen, um die Ursachen zu beseitigen und das zukünftige Auftreten dieser Art von Fehlern und Problemen zu verhindern.

  - Ziele des Prozesses
    - Die Ursachen von Fehlern und anderen Problemen sind identifiziert und Maßnahmen ergriffen, um deren Auftreten künftig zu verhindern.

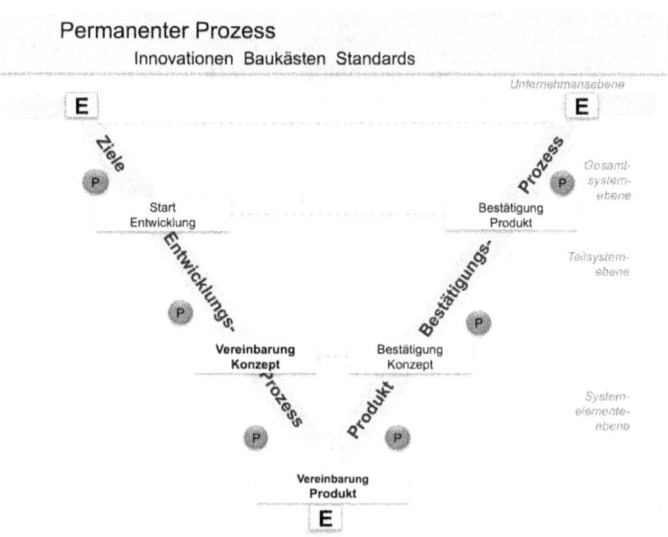

Abbildung 12 Prozess Risikomanagement im **PEP**-$VR^{©}$

- **Risikomanagement (P)**
  - Inhalt des Prozesses
    - Problematische Punkte, die möglicherweise das Erreichen kritischer Ziele gefährden, fortwährend beobachten und vorausschauend bewerten. Die frühe und energische Risikoidentifizierung geschieht in Zusammenarbeit mit und durch die Einbeziehung von relevanten Anspruchsgruppen.

  - Ziele des Prozesses
    - Potenzielle Probleme sind vor deren Auftreten erkannt. Maßnahmen zur Risikohandhabung werden nach Bedarf während des Produkt- oder Projektlebenszyklus geplant und eingeleitet um die definierten Ziele erreichen.

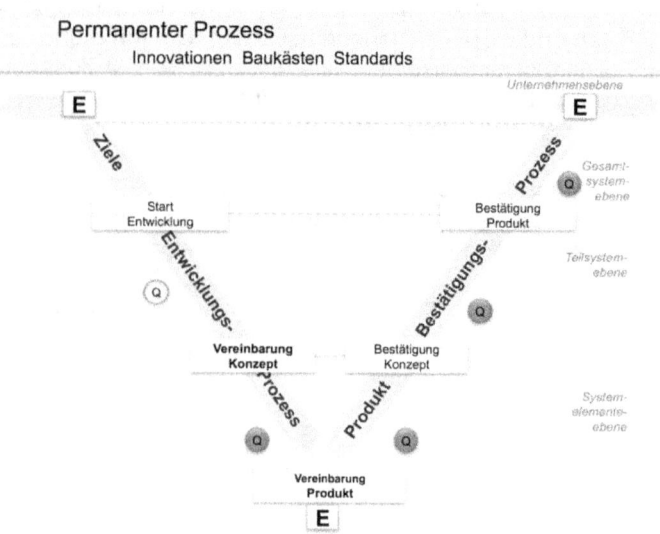

Abbildung 13 Prozess Zuliefermanagement im **PEP-VR**©

- **Zuliefermanagement (Q)**

  - Inhalt des Prozesses
    - Die Beschaffungsart, zu beschaffender Produkte festlegen. Lieferanten auswählen und Vereinbarungen mit diesen treffen und pflegen.
    - Ausgewählte Arbeitsabläufe von Lieferanten überwachen, ausgewählte Arbeitsergebnisse bewerten, Lieferung von beschafften Produkten abnehmen und in das Projekt überführen.

  - Ziele des Prozesses
    - Die Beschaffung von Produkten von Lieferanten wird gemanagt

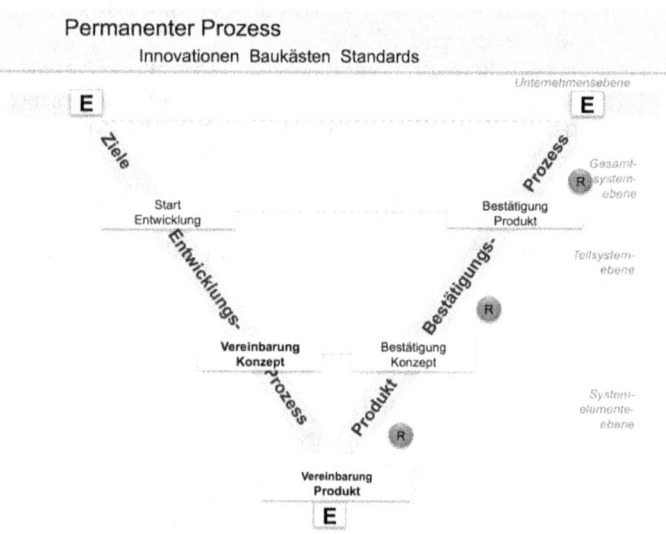

Abbildung 14 Prozess Technische Umsetzung im **PEP-VR**©

○ **Technische Umsetzung (R)**

- Inhalt des Prozesses
  - Bewerten und auswählen von Lösungen, welche die Anforderungen gänzlich oder teilweise erfüllen.
  - Entwickeln detaillierter Designs für die ausgewählten Lösungen und umsetzen der Entwürfe als Produkt oder Produktbestandteil.

- Ziele des Prozesses
  - Lösungen für Anforderungen sind entworfen, entwickelt und umgesetzt. Lösungen, Entwürfe und deren Umsetzungen umfassen Produkte, Produktbestandteile und produktbezogene Lebenszyklusprozesse entweder einzeln oder in Kombination.

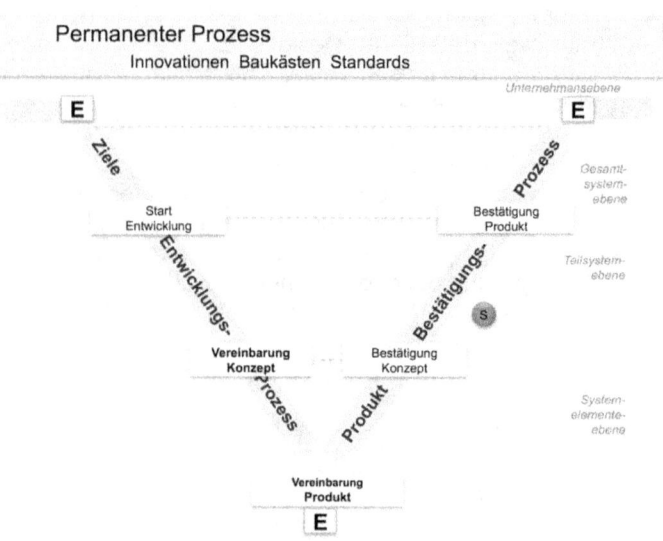

Abbildung 15 Prozess Validierung im **PEP-**$VR^{©}$

○ **Validierung (S)**

- Inhalt des Prozesses
  - Auswählen der Arbeitsergebnisse basierend auf der Erfüllung der Kundenbedürfnisse an das Produkt oder den Produktbestandteil durch frühzeitig beginnende, inkrementelle Bewertung (Validierung) während des gesamten Produkt-Entwicklungs-Prozesses.
  - Die Validierungsumgebung sollte sowohl die vorgesehene Umgebung für das Produkt und die Produktbestandteile repräsentieren als auch für Validierungstätigkeiten geeignet sein.

- Ziele des Prozesses
  - Der Nachweis, dass das Produkt oder ein Produktbestandteil in der vorgesehenen Umgebung seinen beabsichtigten Verwendungszweck erfüllt.

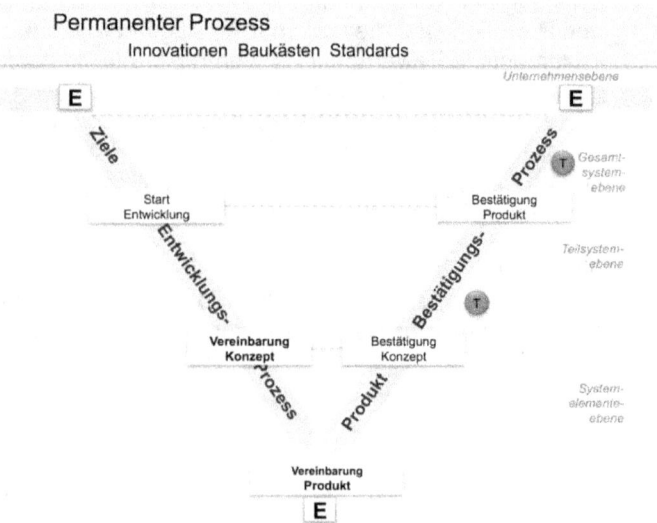

Abbildung 16 Prozess Verifizierung im **PEP-VR**©

○ **Verifizierung (T)**

- Inhalt des Prozesses
  - Bestätigung des Produkts und der Zwischenarbeitsergebnisse auf der Basis aller ausgewählten Ziele/ Anforderungen, einschließlich Kundenanforderungen und Anforderungen an Produkte und Produktbestandteile.
  - Inkrementeller Prozess, der während der gesamten Entwicklung des Produkts zuerst die Anforderungen, danach die daraus entstehenden Arbeitsergebnisse und schließlich das fertiggestellte Produkt verifiziert.
  -
- Ziele des Prozesses
  - Bestätigung, dass die ausgewählten Arbeitsergebnisse die jeweils festgelegten Anforderungen erfüllen

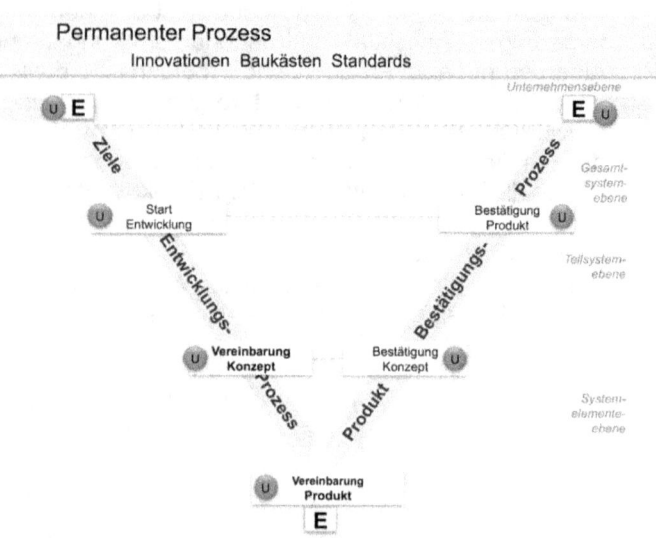

Abbildung 17 Prozess Entscheidungsfindung im **PEP-**$VR^{©}$

- **Entscheidungsfindung (U)**

  - Inhalt des Prozesses
    - Kriterien festlegen und Verfahren zur Bewertung von Alternativen auswählen
    - Alternative Lösungen identifizieren
    - Lösungen aus den Alternativen auf der Grundlage der Bewertungskriterien auswählen und empfehlen.

  - Ziele des Prozesses
    - Entscheidungen sind mittels eines formalen Bewertungsprozesses, der identifizierte Alternativen anhand von vereinbarten Kriterien bewertet, nachvollziehbar getroffen.

Unterstützende Prozesse im **PEP-*VR*©**

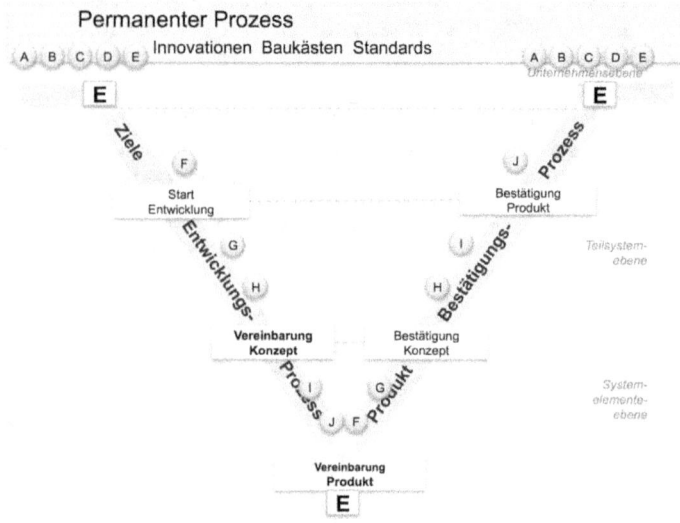

Abbildung 18 Unterstützende Prozesse im **PEP-*VR*©**

Unterstützende Prozesse im **PEP-VR**©

○ Prozesse und deren Fokus
   Innovationsmanagement   Rahmenbedingungen
   Prozessentwicklung   Rahmenbedingungen
   Prozessausrichtung   Rahmenbedingungen
   Prozess-Leistungsfähigkeit   Rahmenbedingungen
   Aus- und Weiterbildung   Rahmenbedingungen

   Projektmanagement, fortgeschr. Projektmanagement
   Projektmanagement, quantif.   Projektmanagement
   Projektplanung   Projektmanagement
   Projektverfolgung, -steuerung Projektmanagement
   Qualitätssicherung   Projektmanagement

   Anforderungsentwicklung   *Projekt*
   Ziele- und Anforderungsmgmt. *Projekt*
   Konfigurationsmanagement   *Projekt*
   Produktintegration   *Projekt*
   Ursachenanalyse/ -beseitigung *Projekt*
   Risikomanagement   *Projekt*
   Zulieferungsmanagement   *Projekt*
   Technische Umsetzung   *Projekt*
   Validierung   *Projekt*
   Verifizierung   *Projekt*
   Entscheidungsfindung   *Projekt*

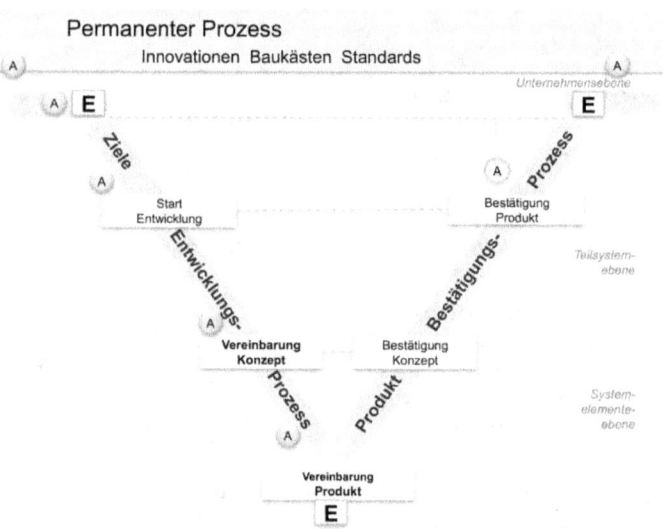

Abbildung 19 Prozess Innovationsmanagement im **PEP**-*VR*©

- **Innovationsmanagement,** Organisationsweites (A)

  - Inhalt des Prozesses
    - Inkrementelle und innovative Verbesserungen auswählen und ausrollen, die messbar zur Optimierung der Arbeitsabläufe und Technologien der Organisation beitragen.

  - Ziele des Prozesses
    - Die Qualitäts- und Prozessleistungsziele der Organisation, die von den Geschäftszielen der Organisation abgeleitet sind, werden durch die Verbesserungen erreicht.

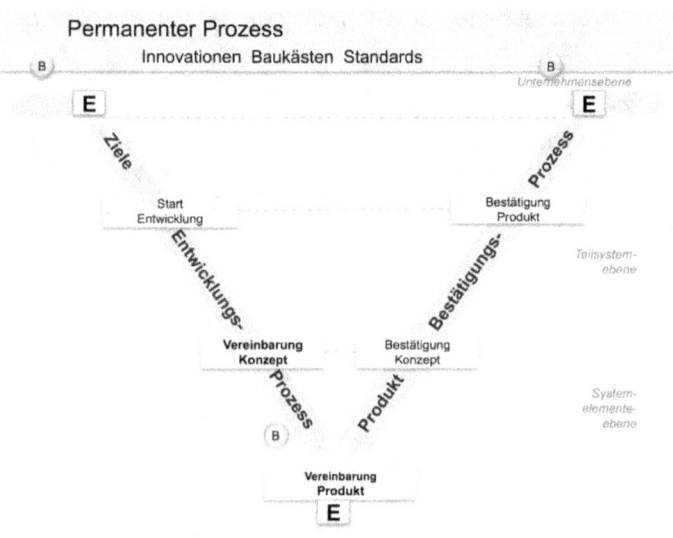

Abbildung 20 Prozess Prozessentwicklung im **PEP**-*VR*©

- **Prozessentwicklung,** Organisationsweite (B)

  - Inhalt des Prozesses
    - Etablieren und pflegen eines anwendbaren Satzes von organisationsweiten Prozess-Assets und Standards für die Arbeitsumgebung.
    - Für das Arbeiten mit integrierten Teams werden zusätzlich die dafür benötigten organisationsweiten Regeln und Richtlinien etabliert.

  - Ziele des Prozesses
    - Gesammelte und permanent gepflegte Prozess-Assets der Organisation sind für die Nutzung durch Mitarbeiter und Projekte bereitgestellt. Diese Sammlung umfasst Beschreibungen von Prozessen, Prozesselementen und Phasenmodellen sowie Anpassungs-Anleitungen, prozessbezogene Dokumentationen und Daten.

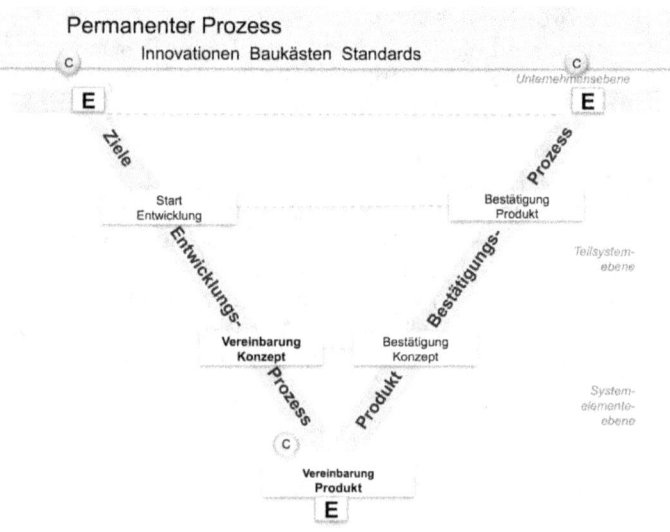

Abbildung 21 Prozess Prozessausrichtung im **PEP**-*VR*©

- **Prozessausrichtung,** Organisationsweite (C)

  - Inhalt des Prozesses
    - Die aktuellen Stärken und Schwächen der Prozesse und der Prozess-Assets der Organisation erfassen und Maßnahmen zu deren Handhabung ableiten.

  - Ziele des Prozesses
    - Organisationsspezifische Prozessverbesserungen sind geplant, umgesetzt und ausgerollt

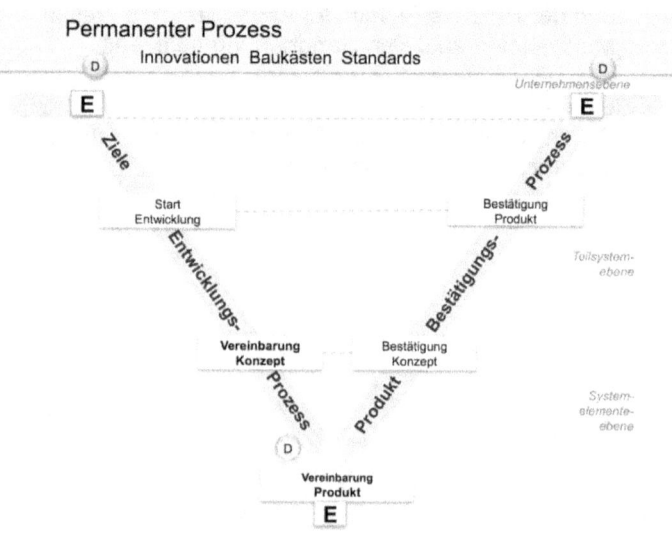

Abbildung 22 Prozess Prozess-Leistungsfähigkeit im **PEP**-*VR*©

○ **Prozess-Leistungsfähigkeit,** Organisationsweite (D)

- Inhalt des Prozesses
  - Etablieren und Pflegen eines quantitatives Verständnisses für die Leistung des organisationsspezifischen Satzes von Standardprozessen

- Ziele des Prozesses
  - Das Erreichen der Qualitäts- und Prozessleistungsziele wird unterstützt. Dazu sind Daten zur Festlegung der Prozessleistung, Null-Linien und Modelle bereitgestellt, um die Projekte der Organisation quantitativ zu führen.

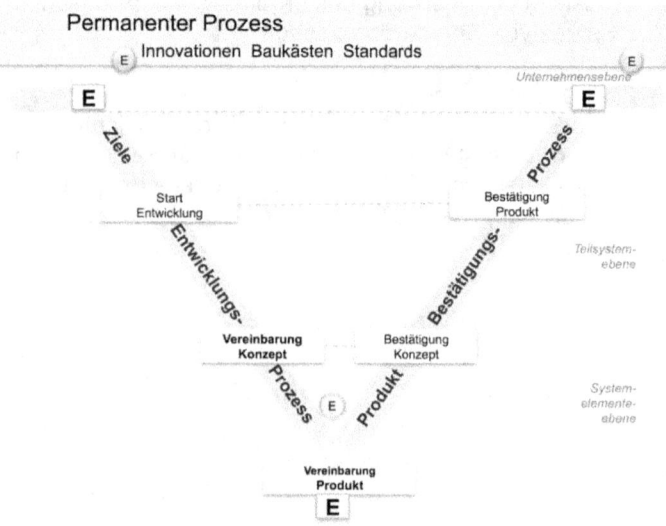

Abbildung 23 Prozess Aus- und Weiterbildung im **PEP**-*VR*©

○ **Aus- und Weiterbildung,** Organisationsweite (E)

- Inhalt des Prozesses
  - Schulungen zur Unterstützung der strategischen Geschäftsziele der Organisation und zur Erfüllung der übergreifenden Aus- und Weiterbildungserfordernisse von Projekten und Unterstützungsgruppen zu erstellen und durchzuführen.

- Ziele des Prozesses
  - Die Fähigkeiten und Kenntnisse der Mitarbeiter sind vermittelt und trainiert, damit sie ihre Rollen in Organisation und Projekt effektiv und effizient ausüben können

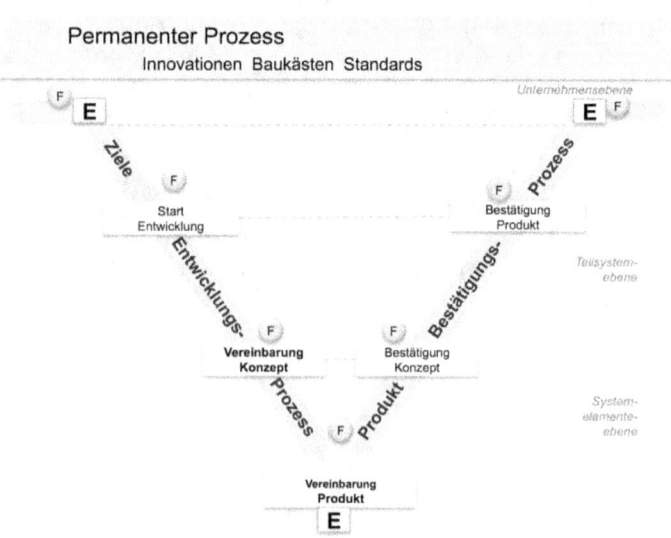

Abbildung 24 Prozess *Fortgeschrittenes* Projektmanagement im **PEP-**VR$^©$

- **Projektmanagement,** Fortgeschrittenes (F)

- Inhalt des Prozesses
  - Etablieren der projektspezifisch definierten Prozesse durch die projektspezifische Anpassung des organisationsspezifischen Satzes von Standardprozessen.
  - Etablieren der Arbeitsumgebung für das Projekt basierend auf den organisationsspezifischen Standards für Arbeitsumgebungen.
  - Sicherstellen das die Aufgaben durch die relevanten Stakeholder koordiniert und rechtzeitig erstellt sind

- Ziele des Prozesses
  - Projekte werden entsprechend eines integrierten, definierten Prozesses aufgesetzt und gemanagt. Gleiches gilt für die Einbeziehung der relevanten Stakeholder. Der Prozess wird aus dem organisationsspezifischen Satz von Standardprozessen für die spezifische Aufgabe konfiguriert.
  - Für das Arbeiten mit integrierten Teams ist zusätzlich das gemeinsame Projektverständnis und das Verständnis der Projektziele realisiert.

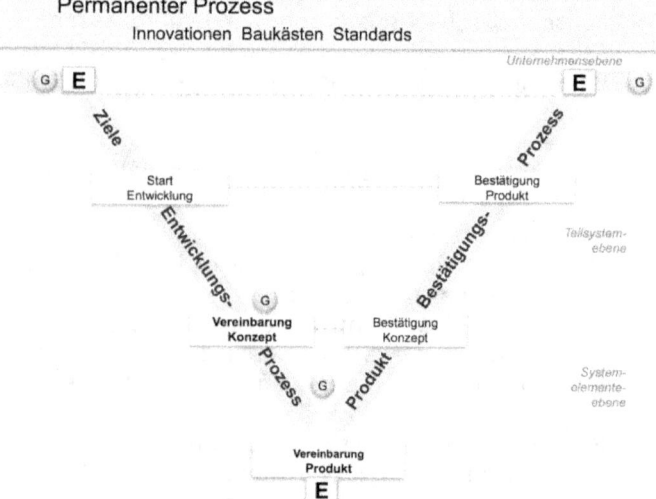

Abbildung 25 Prozess *Quantifiziertes* Projektmanagement im **PEP-VR**©

- **Projektmanagement,** Quantifiziertes (G)

  - Inhalt des Prozesses
    - Die definierten Prozesse des Projekts werden an Hand festgelegter Kennzahlen (quantitativ) geführt. Damit werden die aufgestellten Qualitäts- und Prozessleistungsziele des Projekts erreicht.

  - Ziele des Prozesses
    - Attribute der Arbeitsergebnisse und Aufgaben schätzen, erforderliche Ressourcen ermitteln, Zusagen der Stakeholder erzielen, Terminplan erstellen sowie Projektrisiken identifizieren und analysieren.

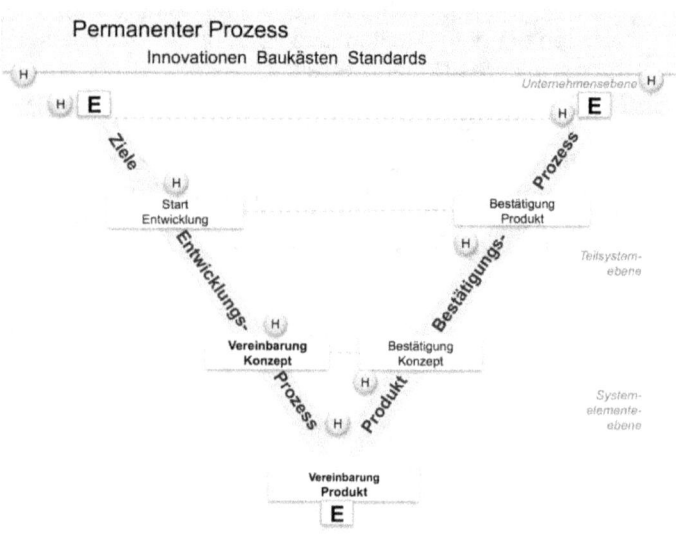

Abbildung 26 Prozess Projektplanung im **PEP**-*VR*©

- **Projektplanung** (H)

  - Inhalt des Prozesses
    - Attribute der Arbeitsergebnisse und Aufgaben schätzen, erforderliche Ressourcen ermitteln, Zusagen der Stakeholder erzielen, Terminplan erstellen sowie Projektrisiken identifizieren und analysieren.

  - Ziele des Prozesses
    - Der Plan, der die Projektaktivitäten definiert, ist erstellt und wird aktuell gehalten.

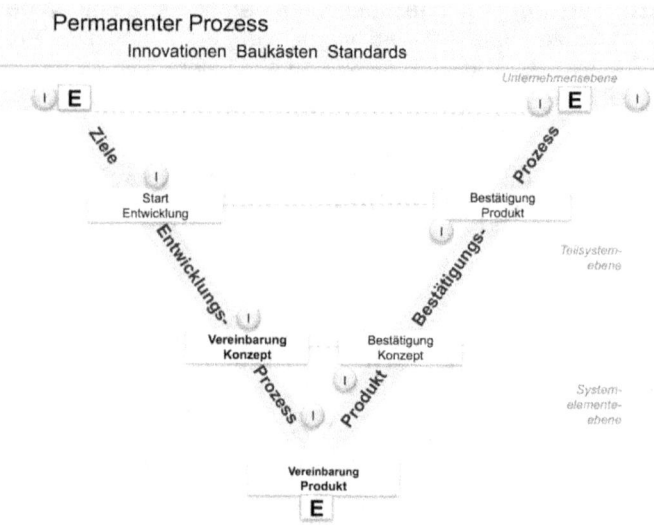

Abbildung 27 Prozess Projektverfolgung, Projektsteuerung im **PEP-*VR*©**

○ **Projektverfolgung, Projektsteuerung** (I)

- Inhalt des Prozesses
  - Aktivitäten verfolgen, kommunizieren des Status und ergreifen von Korrekturmaßnahmen.
  - Den Fortschritt an vorher festgelegten Meilensteinen oder Steuerungsebenen innerhalb des Terminplans ermitteln. Dazu werden die Attribute der Arbeitsergebnisse, Aufwand, Kosten und Terminplan des Projekts mit dem Plan

- Ziele des Prozesses
  - Der Fortschritt des Projekts ist erkennbar dargestellt. Sollte die Arbeitsleistung des Projekts erheblich vom Plan abweichen können angemessene Korrekturmaßnahmen ergriffen werden.

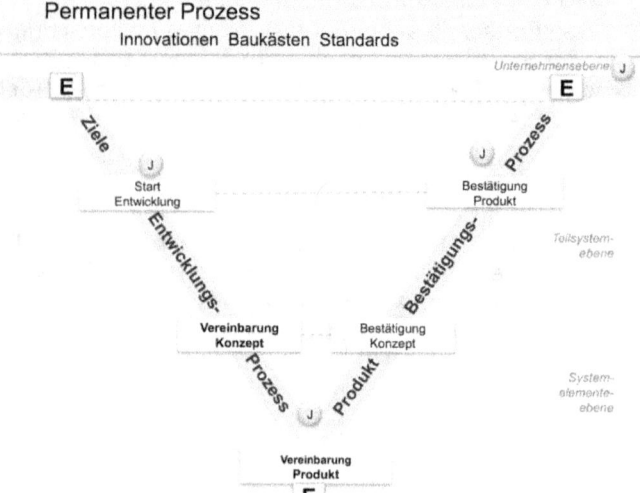

Abbildung 28 Prozess Qualitätssicherung Prozess/ Produkt im **PEP-**$VR^{©}$

- **Qualitätssicherung – Prozess/ Produkt (J)**

  - Inhalt des Prozesses
    - Die durchgeführten Prozesse, Arbeitsergebnisse und Dienstleistungen objektiv anhand der anwendbaren Prozessbeschreibungen, Verfahren, Normen und Standards bewerten.
    - Abweichungen identifizieren, dokumentieren und deren Beseitigung sicherstellen.
    - Ergebnisse der Qualitätssicherungsaktivitäten an Projektmitarbeiter und Führungskräfte rückmelden.

  - Ziele des Prozesses
    - Mitarbeiter und Management haben einen objektiven Einblick in Arbeitsabläufe und daraus resultierende Arbeitsergebnisse

Rollen im PEP-VR©
und deren Einbindung

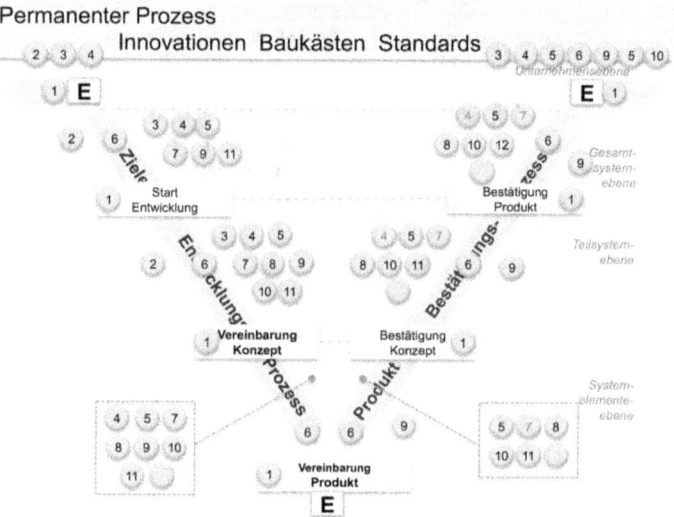

Abbildung 29 Rollen im **PEP-VR**© - Überblick

Rollen im **PEP-VR**©

Definition Rolle:
Eine Rolle nimmt eine Gruppe von Aktivitäten wahr und ist für deren Ausführung incl. der zu erbringenden Ergebnisse verantwortlich.
Es ist zwischen Rolle und Funktion zu unterscheiden, wobei eine Funktion – Abteilungsleiter - die Rollen bsph. Zielemanager, Projektmanager einnehmen kann.

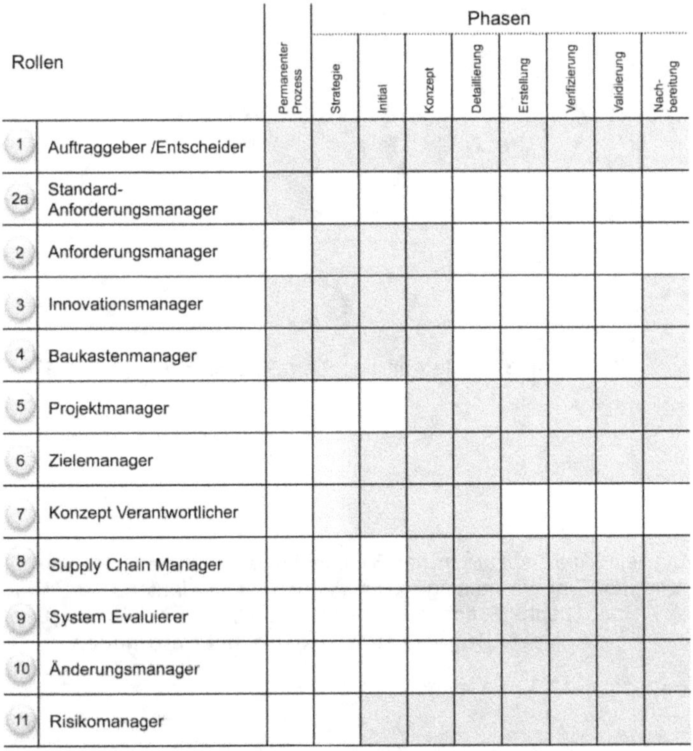

Rollen		Permanenter Prozess	Strategie	Initial	Konzept	Phasen Detaillierung	Erstellung	Verifizierung	Validierung	Nachbereitung
1	Auftraggeber /Entscheider									
2a	Standard-Anforderungsmanager									
2	Anforderungsmanager									
3	Innovationsmanager									
4	Baukastenmanager									
5	Projektmanager									
6	Zielemanager									
7	Konzept Verantwortlicher									
8	Supply Chain Manager									
9	System Evaluierer									
10	Änderungsmanager									
11	Risikomanager									

Abbildung 30 Rollen und deren Einbindung in den **PEP-VR**©

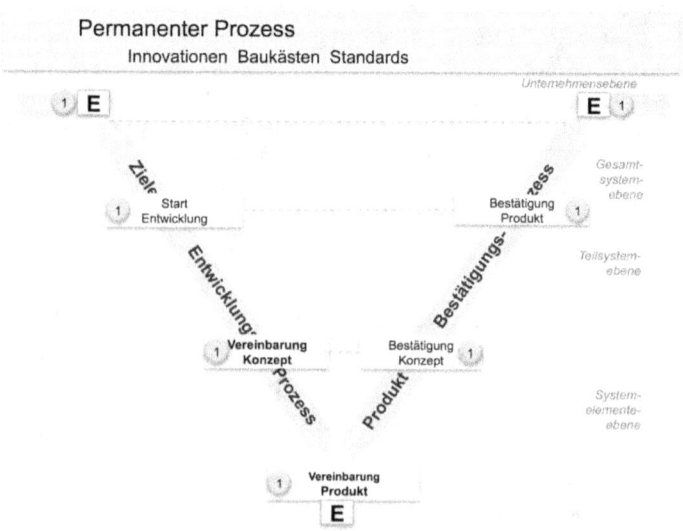

Abbildung 31 Rolle Auftraggeber/ Entscheider im **PEP-VR®**

Hinweis: Alle Aspekte in der Beschreibung der Rollen sind schlaglichtartig. Eine vollständige Formulierung könnte lauten: **Der** Name der Rolle bsph. Aufgabensteller /Entscheider **hat** Schwerpunkt bsph. die Aufgabe **Projekte auszuwählen und freizugeben.**

○ **Aufgabensteller /Entscheider (1)**

- Aufgaben
  - Projekt(e) auszuwählen und freizugeben
  - Standrad-Ziele/Anforderungen, Vorgaben, Anteil Innovationen, Baukasten für das Projekt zu definieren
  - Konformität des Projektes mit der Unternehmensstrategie abzugleichen
  - Bewertungs- und Entscheidungskriterien festzulegen
  - Projektleiter zu benennen ggf. abzuberufen
  - Ressourcen für die Bearbeitung des Projekts bereitzustellen
  - Projektfortschritt (grob) zu steuern

- Rechte, Kompetenzen
  - Projektprioritäten entscheidend festzulegen
  - Aufgaben, Prämissen neu zu definieren oder geltende anzupassen
  - Zielabweichungen (bsph. Termin, ...) zu entscheiden
  - in die Projektbearbeitung einzugreifen (bei Gefahr im Verzug)
  - Projekte zu starten, abzuschließen ggf. zu stoppen

- Verantwortung, Pflichten
  - projektrelevante Entscheidungen zu treffen (Ziele, Randbedingungen, Änderungen,...)
  - Phasen zur Bearbeitung freizugeben, abzuschließen u/o weiteres Vorgehen zu entscheiden
  - Projektablauf zu controllen (Zielsteuerung)
  - Zwischenergebnisse einzufordern
  - Ziel und Verteilungskonflikte zu entscheiden (entsprechend Eskalationsmatrix)

- Zeitliche Gültigkeit der Rolle
  - Permanenter Prozess
    Projekt starten als Leiter Permanenter Prozess
  - Von Start Strategie-Phase bis Produkt- und Prozessstabilität des letzten Produktes der Produktfamilie

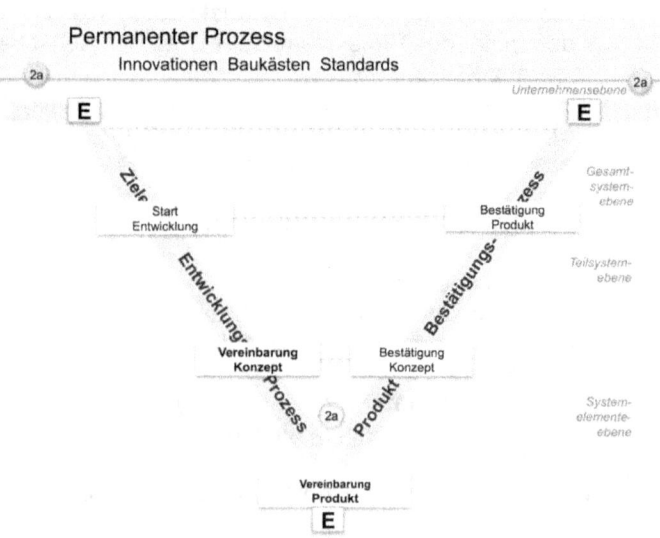

Abbildung 32 Rolle Standard-Anforderungsmanager (Std.-A) im **PEP**-$VR^{©}$

- **Standard Anforderungsmanager (Std.-A, 2a)**

- Aufgaben
  - Anforderungen an das Gesamtsystem zu sammeln und abzustimmen
  - sich inhaltlich mit den generellen Anfordernden bsph. Markt/Wettbewerb-, Baukasten-, Innovations-Verantwortlichen abzustimmen
  - Fachverantwortliche im Fachbereich für die Bearbeitung ausgewählter Themen vorzuschlagen
  - Standard-Ziele /Anforderungen zu formulieren und zur Genehmigung vorzuschlagen
  - Optimierung von Anforderungen für Standard- Ziele/ Anforderungen durchzuführen und voranzutreiben
  - Standard-Ziele /Anforderungen projektspezifisch aus dem Permanenten Prozessauszuleiten und genehmigen zu lassen
  - Anforderungen vor einer Umsetzungsentscheidung durch den Auftraggeber abzulehnen

- Rechte, Kompetenzen
  - Standard-Ziele/ Anforderungen zu formulieren
  - Standard-Ziele/Anforderungen zur Genehmigung vorzuschlagen
  - genehmigte projektspezifische Standard-Ziele/ Anforderungen in das 360° AMS einzutragen.
  - alle für die Abstimmung der Anforderungen erforderlichen Mitarbeiter zu identifizieren

- Verantwortung, Pflichten
  - die Vollständigkeit und Korrektheit aller Standard-Ziele/Anforderungen an das Gesamtsystem sicherzustellen.
  - die Vollständigkeit und Korrektheit von projektspezifisch ausgeleiteten Standard-Zielen und Anforderungen sicherzustellen

- Zeitliche Gültigkeit der Rolle
  - Permanenter Prozess bis Start Strategie-Phase

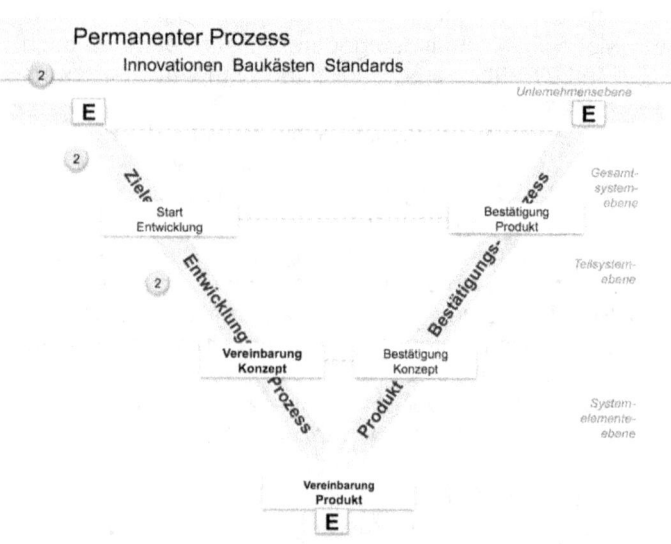

Abbildung 33 Rolle Anforderungsmanager im **PEP**-*VR*©

○ **Anforderungsmanager (2)**

- Aufgaben
  - Anforderungen an das Gesamtsystem zu sammeln und abzustimmen
  - sich inhaltlich mit den produktions- und entwicklungsseitigen Anforderern abzustimmen
  - Fachverantwortliche im Fachbereich für die Bearbeitung ausgewählter Ideen vorzuschlagen
  - Anforderungs-Optimierung durchzuführen und voranzutreiben
  - Anforderungen vor einer Umsetzungsentscheidung durch den Auftraggeber abzulehnen

- Rechte, Kompetenzen
  - ein Team aus Anforderungsentwicklern abgestimmt mit den entsprechenden Linienvorgesetzten zusammenzustellen
  - Anforderungen zu formulieren
  - alle für die Abstimmung der Anforderungen erforderlichen Mitarbeiter zu identifizieren

- Verantwortung, Pflichten
  - die Vollständigkeit und Korrektheit aller Anforderungen an das Gesamtsystem sicherzustellen

- Zeitliche Gültigkeit der Rolle
  - Start Initial-Phase bis zur Vereinbarung Konzept

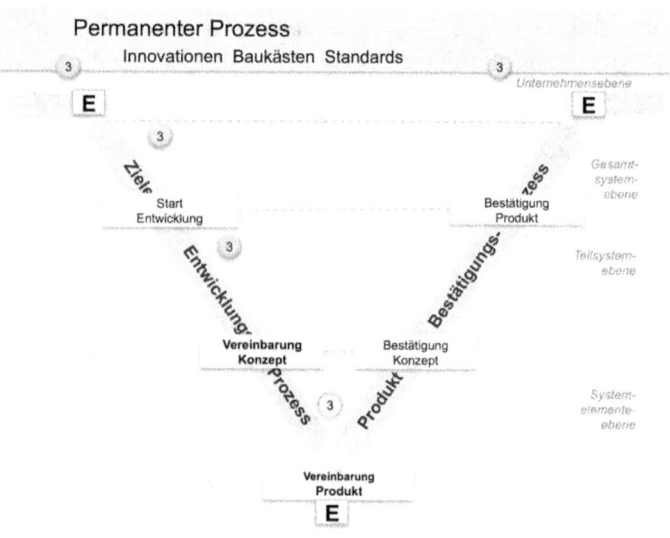

Abbildung 34 Rolle Innovationsmanager im **PEP-**$VR^©$

o **Innovationsmanager (3)**

- Aufgaben
  - den Ideen-Sammel- und Entwicklungsprozess incl. der Ideen-Plattform aktiv zu gestalten, zu betreuen und voranzutreiben
  - die Ideen-Setzkästen zu pflegen und zu betreuen und die definierte Wiedervorlageroutine einzuhalten
  - sich inhaltlich mit den produktions- und entwicklungsseitigen Anforderern abzustimmen
  - Fachverantwortliche im Fachbereich für die Bearbeitung ausgewählter Ideen vorzuschlagen
  - den Innovationsprozess – Idee → InnovationsSkizze → Innovation – voranzutreiben und zu monitoren
  - InnovationsSkizzen /Innovationen vor einer Umsetzungsentscheidung durch den Auftraggeber abzulehnen

- Rechte, Kompetenzen
  - in den Ideen-Sammel- und Entwicklungsprozess ordnend einzugreifen
  - InnovationsSkizzen zu sichten und grob zu bewerten
  - alle für die Erarbeitung und Entwicklung von Innovationen erforderlichen Mitarbeiter zu identifizieren

- Verantwortung, Pflichten
  - den Ideen-Sammel- und Entwicklungsprozess aktiv zu gestalten und Mitarbeitende anzuregen Ideen und InnovationsSkizzen zu erarbeiten
  - Ideen und InnovationsSkizzen zur weiteren Erarbeitung auszuleiten und in den Entwicklungsprozess einzubringen
  - die schutzrechtliche Absicherung von InnovationsSkizzen, Innovationen zu initiieren und zu monitoren

- Zeitliche Gültigkeit der Rolle
  - Rolle im Permanenten Prozess.
  - Start Initial-Phase bis Vereinbarung Produkt und bei Erreichen Produkt- und Prozessstabilität.

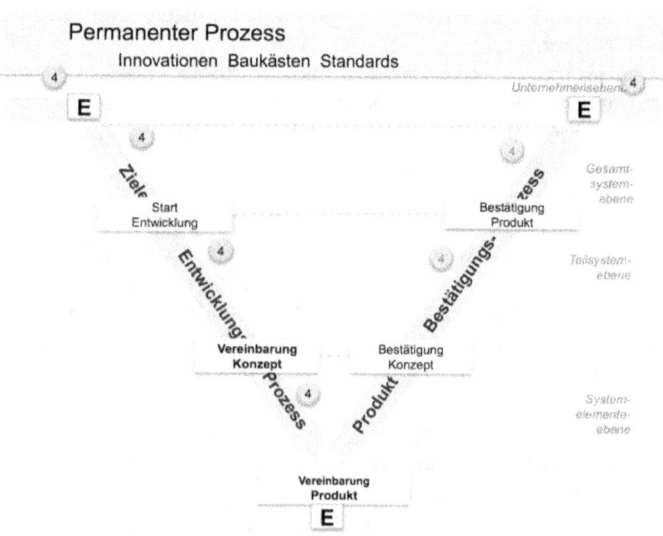

Abbildung 35 Rolle Baukastenmanager im **PEP-**$VR^{©}$

○ **Baukastenmanager (4)**

- Aufgaben
  - im Rahmen der Baukasten-Konzipierung die Baukastenstruktur auf Komponentenebene aufzubauen, zu konfigurieren, technische Beschreibung zu pflegen
  - im Rahmen des Transfers der BK-Struktur in die Produkt-Struktur die Quervernetzung sicherzustellen
  - die Baukasten - Inhalte mit den Anforderungen/ Ansätzen für neue Produkte abzugleichen
  - im Ziel-Entwicklungs-Prozesses Baukastenanteile in das Gesamtprodukt einzubringen
  - Baukastenanteile in die Produkte zu integrieren und Auswirkungen (funktional, terminlich, wirtschaftlich) auf die Produkte und Systeme aufzuzeigen

- Rechte, Kompetenzen
  - die Weiterentwicklung der Baukästen voranzutreiben
  - Konzepte für den Einsatz von Baukästen in Produkten im Rahmen der vereinbarten Ziele zu erstellen
  - stimmiges Szenario im Businessplan einzustellen
  - Budgetverantwortung für Gestaltung, Weiterentwicklung und Umsetzung der Baukästen
  - zur Eskalation bei Zielkonflikten

- Verantwortung, Pflichten
  - das Baukasten-Konzeptmengengerüst zu konfigurieren und fortzuschreiben
  - Planstand und Stimmigkeit der Baukastenkonfiguration zur Gesamtproduktkonfiguration sicherzustellen
  - Serienreife der Baukästen zu gewährleisten
  - die Businessplan-Ziele während der Umsetzung einzuhalten
  - die Baukästen weiter zu entwickeln, zu aktualisieren

- Zeitliche Gültigkeit der Rolle
  - Rolle im Permanenten Prozess.
  - Start Initial-Phase bis Vereinbarung Produkt und bei Erreichen Produkt- und Prozessstabilität

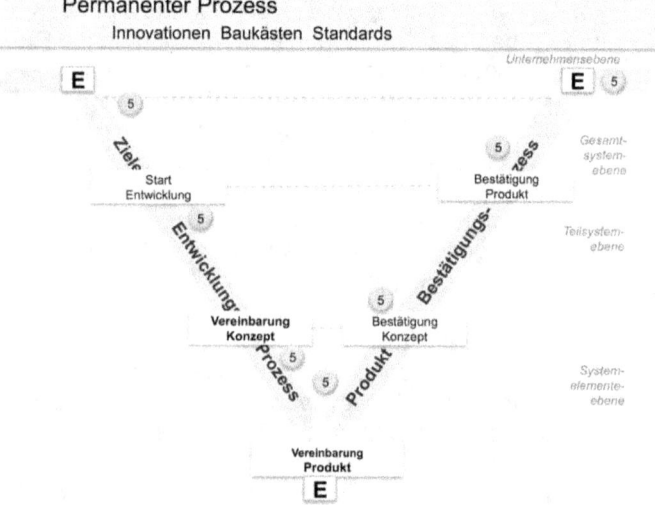

Abbildung 36 Rolle Projektmanager im **PEP**-*VR*©

- **Projektmanager (5)**

  - Aufgaben
    - Zusammensetzung des Projektteams vorzuschlagen
    - Projekt verantwortlich zu steuern und zu führen (Zeit)

  - Rechte, Kompetenzen
    - an der Projektplanung mitzuwirken
    - Projektplanung anzupassen (falls Ziele nicht betroffen / gefährdet)
    - Mittel für die Bearbeitung von Aufgabenpaketen freizugeben
    - Ergebnisse (To-Do's, Aufträge, ..) entgegenzunehmen- !Bringschuld! - einzufordern, zurückzuweisen
    - Entgelt für erbrachte und akzeptierte Ergebnisse freizugeben
    - Projekt zu stoppen (Genehmigung durch Auftraggeber/ Entscheider erforderlich)

  - Verantwortung, Pflichten
    - Projekt, Projektphasen in Inhalt und Ablauf grob- /fein zu planen
    - Gates /Meilensteine in Abstimmung mit dem (Kunden)Terminplan festzulegen
    - Gates /Meilensteine in Abstimmung mit internen Projekten festzulegen
    - Projekt voran zu treiben, zu steuern und zu controllen (Detail)
    - Konflikte zu erkennen und wenn zuständig zu bearbeiten oder zu eskalieren(siehe Eskalationsmatrix)
    - Projekt- und Prozessinformationen zu erfassen und zu dokumentieren (Lessons Learned LeLe's)

  - Zeitliche Gültigkeit der Rolle
    - Start Entwicklung bis Erreichen Produkt- und Prozessstabilität.

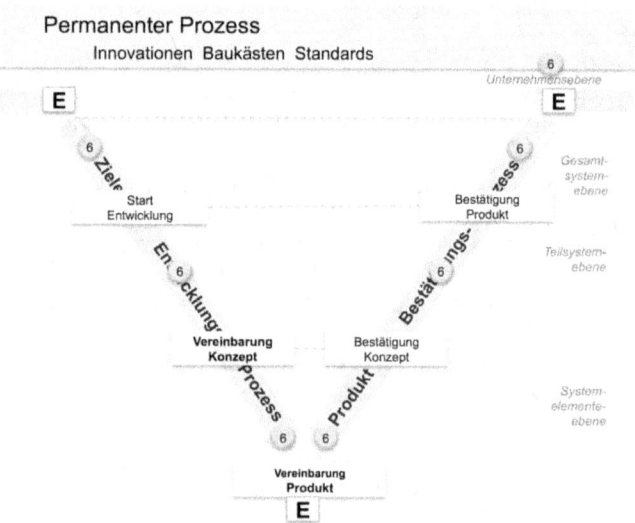

Abbildung 37 Rolle Ziele-/Anforderungsmanager im **PEP-VR**©

- **Ziele- /Anforderungsmanager (6)**

- Aufgaben
  - 360° Ziele (bsph. Eigenschaft, Baukasten, ...) inkl. Prämissen u. Anforderungen für das Produkt/ die Produktlinie transparent zu machen.
  - Nahtstelle zwischen Projekt und internem/ externem Umfeld zu bilden (Kunde/ Fachabteilungen FA)
  - Ziele, Anforderungen, Prämissen durch die FA plausibilisieren zu lassen
  - Verwendung von Standards, Baukästen, Innovationen entsprechend den vereinbarten Zielen herbeizuführen
  - Ergebnisse der integrierten FA zusammenzufassen
  - an den Auftraggeber zu berichten
  - das Projekt verantwortlich zu steuern und zu führen (Funktional/Qualität, Kosten)
  - das Committment zu Zielen, Anforderungen, Prämissen und Terminen mit den FA herbeizuführen
  - Reifegrade und Risiken für das 360° Zielesystem darzustellen und Handlungsbedarf abzuleiten
  - das 360° PEP-VR© Dokumentationssystem (360° DS) zu installieren und zu pflegen
  - 360° Ergebnis an den Entscheidungspunkten herbeizuführen und darzustellen
  - Gesamtoptimum des Produktes/ der Produktlinie zur Vereinbarung Konzept, Vereinbarung Produkt sicherzustellen
  - Änderungsmanagement des Zielsystems ab Vereinbarung Konzept wahrzunehmen

- Rechte, Kompetenzen
  - Ziele, Anforderungen, Prämissen zur Bewältigung der Aufgabenstellung einzufordern
  - FA-Ergebnisse und deren Bewertung zur Erstellung der Berichte an den Auftraggeber einzufordern
  - Ressortübergreifende Zielkonflikten (mit bewerteten Lösungsalternativen) an den Auftraggeber zu eskalieren

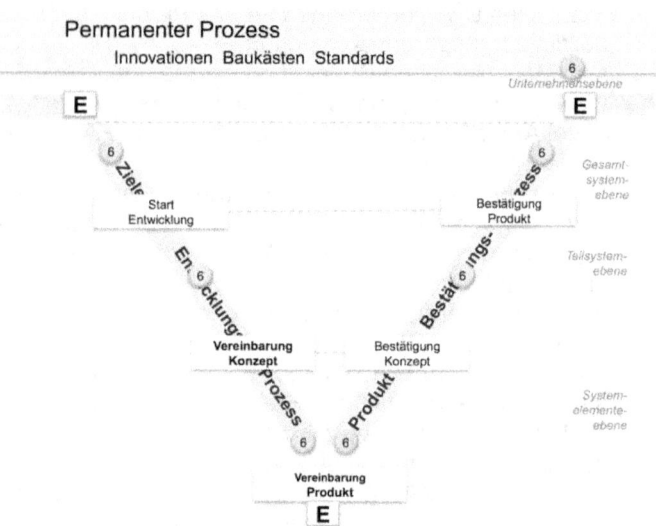

Abbildung 38 Rolle Ziele-/Anforderungsmanager im **PEP-VR**$^©$

- Verantwortung, Pflichten
  - 360° Ziele, Anforderungen und Prämissen termingerecht und vollständig zu erfüllen
  - Serienreife der benötigten Produkte /Produktvarianten zu sichern
  - Zielkonflikte (Chancen/Risiken) im Zielsystem rechtzeitig aufzuzeigen
  - Risiken und Abweichungen zu erkennen
  - Maßnahmen zur Minimierung von Risiken und Abweichungen einzuleiten
  - Projekt-Entscheidungen vorzubereiten
  - Entscheidungen bei Kunden und Lenkungskreis herbeizuführen

- Zeitliche Gültigkeit der Rolle
  - Start Initial-Phase bis Erreichen Produkt- und Prozessstabilität des letzten Produktes der Produktfamilie.

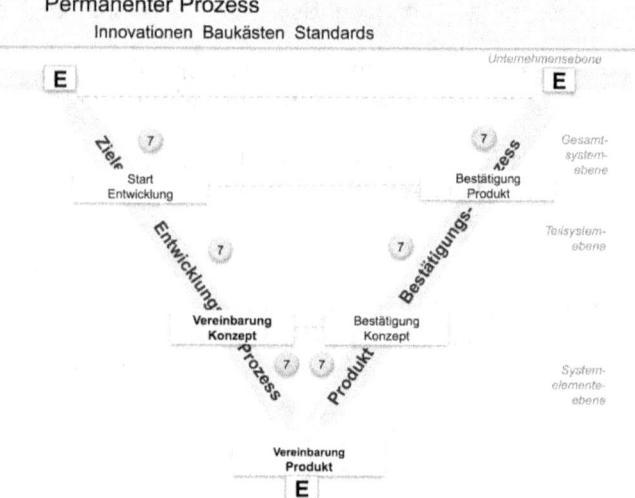

Abbildung 39 Rolle Konzeptverantwortliche Entwicklung im **PEP-VR**©

○ **Konzept Verantwortlicher Entwicklung (7)**

- Aufgaben
  - das Entwicklungskonzept für die Produktlinie zu erstellen
    ○ Qualitätsmanagement, Absicherung/Erprobung
    ○ Versuche, Muster, Prototypen, Vor-Serien-Modelle
    ○ Virtuelles Produkt und Schnittstelle zur virtuellen Produktion zu planen, zu steuern und zu monitoren
  - das Änderungsmanagement und Nachziehen der Konfiguration durchzuführen und zu monitoren
  - dafür zu sorgen, dass die im Strategiekreis verabschiedeten Strategien und Roadmaps nicht verletzt werden.
  - die Plausibilisierung von Anforderungen zu steuern
  - Zielkonflikte aufzuzeigen und eine schnellen Entscheidungsfindung herbeizuführen

- Rechte, Kompetenzen
  - Änderungen zu beurteilen
  - Produktkonzeptionen zu beurteilen

- Verantwortung, Pflichten
  - die betriebswirtschaftliche Zielführung in Produkt und Projekt zu verantworten.
  - die Einhaltung der vereinbarten betriebswirtschaftlichen Ziele von Produkt und Projekt zu verantworten

- Zeitliche Gültigkeit der Rolle
  - Start Konzept - Phase bis Erreichen Produkt- und Prozessstabilität des letzten Produktes der Produktfamilie.

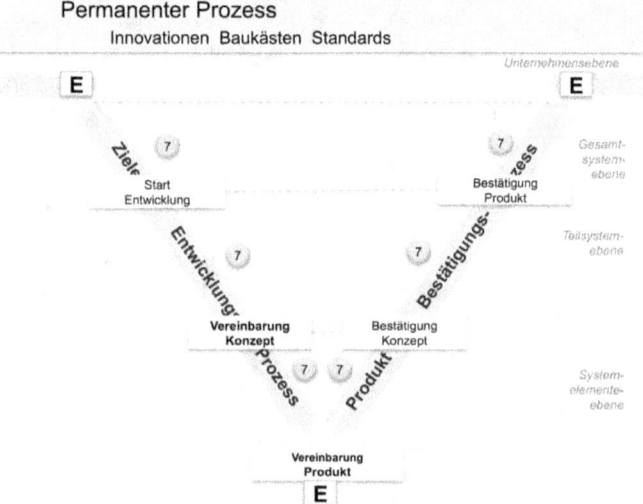

Abbildung 40 Rolle Konzeptverantwortliche Vertrieb im **PEP-VR**©

- **Konzept Verantwortlicher Vertrieb (7)**

- Aufgaben
  - stimmiges Vertriebs- und Marketingkonzept für Produkt und dessen Varianten unter Berücksichtigung der Vertriebs- und Aftersalesanforderungen zu erstellen.
  - die Vertriebs- und Marketingziele für Anlauf und Lebenszyklus festzulegen hinsichtlich:
    - Produktinhalte /-eigenschaften, Preise und Volumen.
    - Technische und nicht-technische Aftersalesumfänge (Reparatur, Gewährleistung, etc...)
  - Launchmanagement und Produktkommunikation zu planen, zu steuern und zu monitoren
  - die Zielvereinbarung Vertriebs- und Marketingkonzept für Produkt und Varianten zur Vereinbarung Produkt mit den Beteiligten zu treffen
  - im Vertriebs- & Marketingkonzept vereinbarte Parameter und Ziele zu operationalisieren

- Rechte, Kompetenzen
  - Anforderungen und Handlungsbedarf aufzuzeigen und einzusteuern
  - Änderungen zu beurteilen
  - Zielkonflikte aufzuzeigen
  - bei Erkennen zielgefährdender Entscheidungen/ Entwicklungen in Produkt und Projekt Veto einzulegen oder das Thema zu eskalieren.

- Verantwortung, Pflichten
  - Gesamtverantwortung der V-Themen im Projekt wahrzunehmen.
  - Konzepte im Rahmen der vereinbarten Ziele zu erstellen
  - Lösungsbeiträge zu erbringen um die vereinbarten Ziele sicher zu stellen

- Zeitliche Gültigkeit der Rolle
  - Start Konzept - Phase bis Erreichen Produkt- und Prozessstabilität des letzten Produktes der Produktfamilie

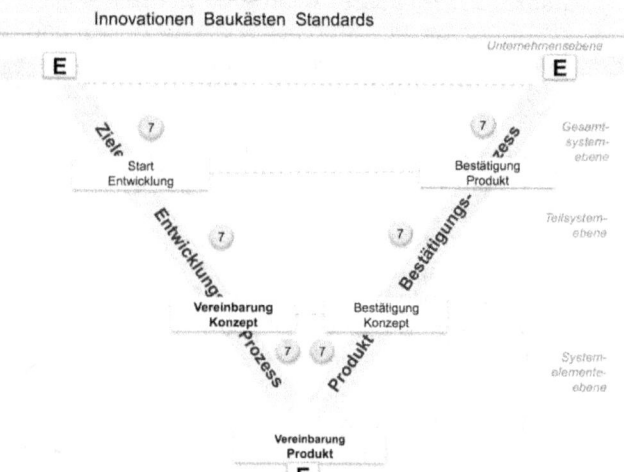

Abbildung 41 Rolle Konzeptverantwortliche Qualität im **PEP-**$VR^{©}$

Konzept Verantwortlicher Qualität (7)

- Aufgaben
  - Q-Management (mit KVE, KVV/ Service) zu steuern und zu controllen
  - die projekt- und ressortübergreifend einheitliche, redundanzfreie Q-Arbeit sicherzustellen.
  - Stimmigkeit der Qualitätsziele und phasenrichtige Detaillierung in Teilziele für Produkt/ Projekt zu steuern
  - den Zielvereinbarungsprozess zur Vereinbarung Produkt zu steuern
  - die Zielvereinbarung der Q-Ziele auf Projektebene mit den relevanten FA sicherzustellen.
  - Plan-/Zielabweichungen, Chancen und Risiken sämtlicher Q-Steuerungsgrößen aufzuzeigen
  - im Eskalationsfall Maßnahmen auf Produkt- und Projektebene einzuleiten und zu verfolgen.
  - Q-Beratung bei Entscheidungsalternativen anzubieten
  - operative Steuerung durch Q-Kennzahlen anzubieten und durchzuführen.

- Rechte, Kompetenzen
  - die Q-Zielführung für das Produkt durchzuführen
  - Änderungen auf Q-relevanz zu beurteilen
  - Zielkonflikte aufzuzeigen
  - bei Erkennen zielgefährdender Entscheidungen/ Entwicklungen in Produkt und Projekt bsph. beim Launch Veto einzulegen oder das Thema zu eskalieren.

- Verantwortung, Pflichten
  - Q-Ziele, Q-Prozesse zu lenken
  - Q-Methoden, Q-Standards, Q-Prozesse anzuwenden
  - Q-Ziele und Q-Zielvereinbarung abzustimmen
  - Q-Methoden, Q-Standards, Q-Prozessen zu auditieren

- Zeitliche Gültigkeit der Rolle
  - Start Konzept - Phase bis Erreichen Produkt- und Prozessstabilität des letzten Produktes der Produktfamilie.

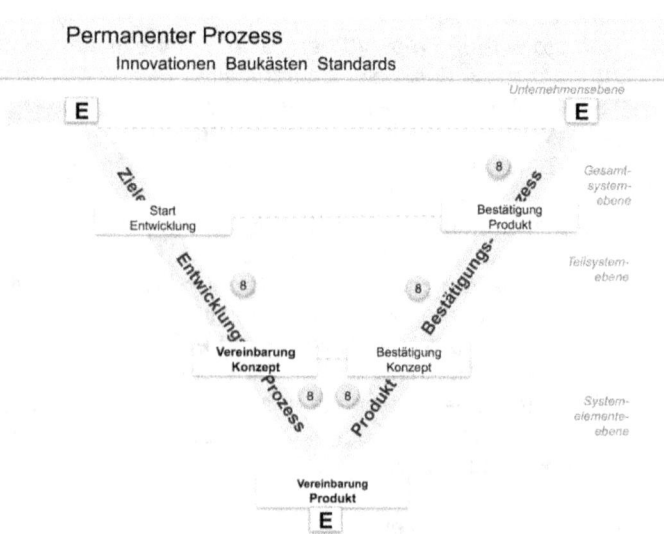

Abbildung 42 Rolle Supply Chain Manager im **PEP-***VR*©

- **Supply Chain Manager (8)**

- Aufgaben
  - Integration von Technologien, Hausumfänge, Standardisierung Prozesse, Anlauf prozessual zu lenken, steuern und monitoren
  - das Produktionskonzept für das Produkt zu erstellen
  - produktspezifisches Sourcingkonzept und Lieferantenstruktur in das Projekt zu integrieren
  - die Zielvereinbarung des Produktions- und Sourcingkonzepts bei Vereinbarung Produkt zu treffen
  - Kaufteilumfänge zu planen, steuern, monitoren für:
    - Kostenmanagement (Einmalaufwand; Investition)
    - Lieferantenanfrage- und Nominierungsprozess
    - Qualitätsmanagement gemäß VA4 (Sicherung der Produkt-/ Prozessstabilität in der Serie)
  - Anläufe bei Kaufteilen zu planen, steuern, monitoren
  - Änderungen, Optimierung Prozesse zu beurteilen
  - Zielkonflikte aufzuzeigen und schnelle Entscheidung herbeizuführen

- Rechte, Kompetenzen
  - Produktions-, Sourcingkonzepte und Lieferantenstruktur zu erarbeiten und umzusetzen
  - Lieferanten und Lieferantenangebote zu beurteilen
  - Kostenengineering und Lieferantenentwicklung in den Prozess einzubinden

- Verantwortung, Pflichten
  - Konzepte entsprechend vereinbarter Ziele zu erstellen
  - Lösungen zur Zielvereinbarung zu erarbeiten
  - die spezifischen Einkaufsprozesse für das Projekt zu führen, controllen /tracken.
  - die vereinbarten Materialkosten- und SBM-Ziele einzuhalten

- Zeitliche Gültigkeit der Rolle
  - Start Konzept - Phase bis Erreichen Produkt- und Prozessstabilität des letzten Produktes der Produktfamilie.

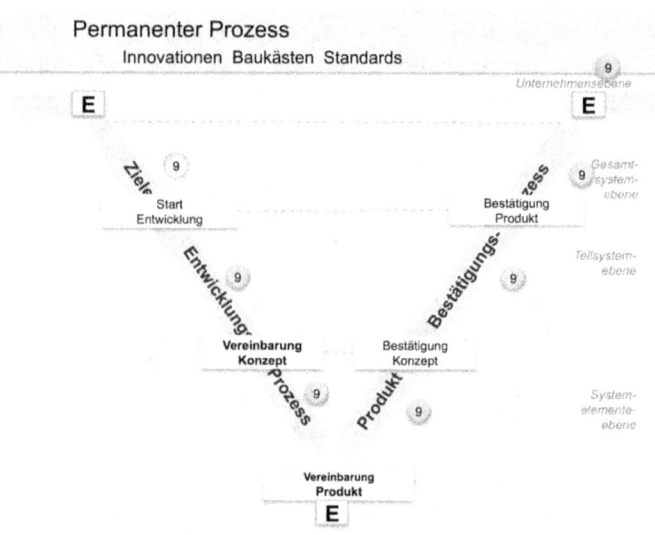

Abbildung 43 Rolle System Evaluierer im **PEP-**VR©

○ **System Evaluierer (9)**

- Aufgaben
  - den Implementierungsplan abzustimmen und zu vereinbaren
  - den Absicherungsplan abzustimmen und zu vereinbaren
  - Integration, Test und Absicherung zu koordinieren und durchzuführen
  - die bei der Anwendung erfassten Kennzahlen zu normieren, zu gewichten und miteinander in Beziehung zu bringen.
  Teilergebnisse für die weitere Validierungsschritte zur Verfügung zu stellen.
  - Bewertungsergebnisse zu analysieren und geeignete Maßnahmen bei Nicht-Erfüllung der Ziele einzuleiten
  - Validierungsergebnisse zur nachhaltigen Verbesserung des Produktes in den Entwicklungsprozess einzusteuern

- Rechte, Kompetenzen
  - Systeme, Komponenten zurückzuweisen
  - Evaluierungsprozesse als nicht bestanden zu bewerten und Nachbesserung zu verlangen
  - das Produkt für Serie, Nutzung, Vermarktung nach positiver Bewältigung der vereinbarten Ziele freizugeben

- Verantwortung, Pflichten
  - alle benötigten Schritte und Maßnahmen zur Validierung des Produktes durchzuführen
  - Schwachstellen und Mängel, die einer Validierung entgegenstehen aufzuzeigen

- Zeitliche Gültigkeit der Rolle
  - Bestätigung Produkt bis Serien /Nutzungsfreigabe des letzten Produktes der Produktfamilie

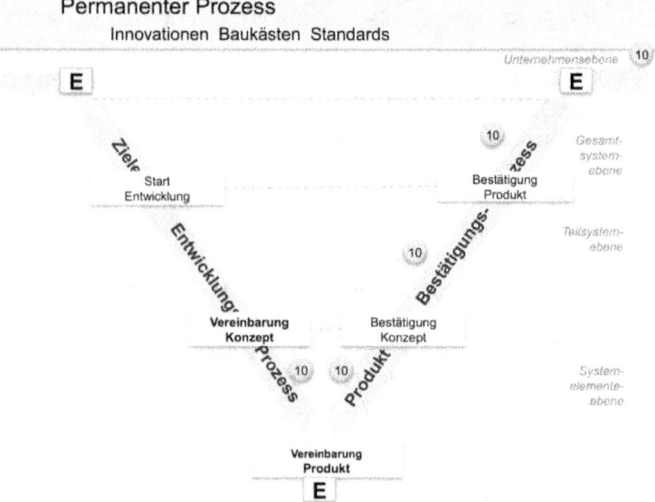

Abbildung 44 Rolle Änderungsmanager im **PEP-**$VR^{©}$

○ **Änderungsmanager (10)**

- Aufgaben
  - Änderungesbedarfe oder Änderungsanträge aus den beteiligten Bereichen zu erfassen und im Änderungs-Logbuch zu dokumentieren
  - Änderungsanträge zu prüfen
  - Änderungsanträge gemeinsam mit dem Antragstelle zu bewerten - Kosten, Termin, ...
  - Änderungsanträge im Berichtswege zu kommunizieren und spätestens in die Entscheidungsvorlage am Phasenende zu integrieren
  - Zielkonflikte aufzuzeigen und eine schnelle Entscheidungsfindung herbeizuführen
  - Entscheidungen im Änderungs-Logbuch zu dokumentieren

- Rechte, Kompetenzen
  - Änderungsanträge zu prüfen und ggf. Konkretisierung zu verlangen
  - Änderungsanträge auf dem Wege der Eskalation zur Entscheidung zu bringen

- Verantwortung, Pflichten
  - Konsistenz der Änderung festzustellen
  - Synergiepotenziale aus Änderungen aufzuzeigen
  - die Integration genehmigter Änderungen in das Zielemanagement zu überwachen

- Zeitliche Gültigkeit der Rolle
  - Start Detaillierungs - Phase bis Erreichen Produkt- und Prozessstabilität des letzten Produktes der Produktfamilie.

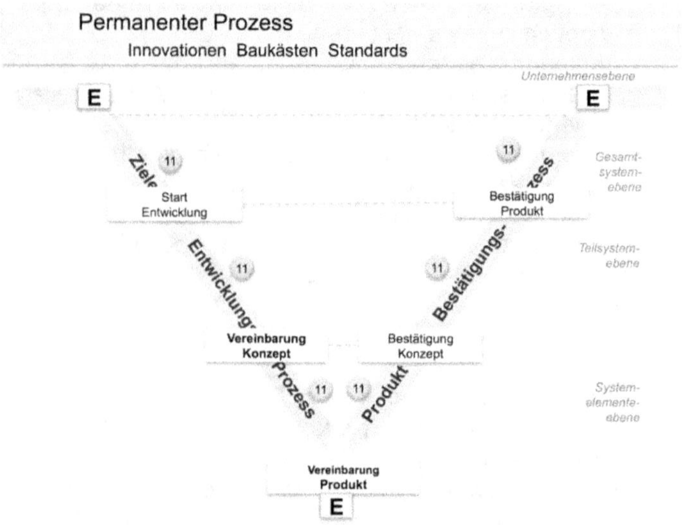

Permanenter Prozess
Innovationen Baukästen Standards
Unternehmensebene
E
E
Gesamt-
system-
ebene
Teilsystem-
ebene
System-
elemente-
ebene
Ziele
Entwicklungs-
Prozess
Start
Entwicklung
Vereinbarung
Konzept
Bestätigung
Produkt
Bestätigung
Konzept
Bestätigungs-
Produkt
Vereinbarung
Produkt
E
11
11
11
11
11
11

Abbildung 45 Rolle Risikomanager im **PEP**-*VR*©

- **Risikomanager (11)**

  - Aufgaben
    - den Risikomanagementprozesses für das Produkt und das Projekt zu initialisieren und zu steuern
    - Workshops zur Identifikation und Bewertung von Risiken zu moderieren
    - Risiken priorisieren und Analyse kritischer Risiken zusammen mit den Verantwortlichen zu erstellen
    - Entscheidungsvorlagen für die produktspezifischen Top Risiken der Fachbereiche zu formulieren
    - Maßnahmen und Entscheidungsbedarfen zusammen mit den Fachbereichen zu erarbeiten
    - Genehmigte Risiko-/Maßnahmen gemeinsam mit den Verantwortlichen umzusetzen und zu verfolgen

  - Rechte, Kompetenzen
    - Risiken /Maßnahmen zur Entscheidung vorzuschlagen
    - Risiken bei Gefahr im Verzug auf dem Eskalationsweg zur Entscheidung zu bringen
    - die Projektplanung entsprechend den erarbeiteten Erkenntnisse anpassen zu lassen
    - Risikostatus und Maßnahmenstatus bei den Verantwortlichen einzufordern

  - Verantwortung, Pflichten
    - Aktualität und Transparenz über Risikostatus im Projekt zu gewährleisten
    - Entscheidungsvorlagen für konzeptkritischen Risiken und Top-Risiken zu formulieren
    - Entscheidungen bei Verantwortlichen voranzutreiben

  - Zeitliche Gültigkeit der Rolle
    - Start Initial - Phase bis Erreichen Produkt- und Prozessstabilität des letzten Produktes der Produktfamilie.

Benötigte Kompetenzen im PEP-VR©

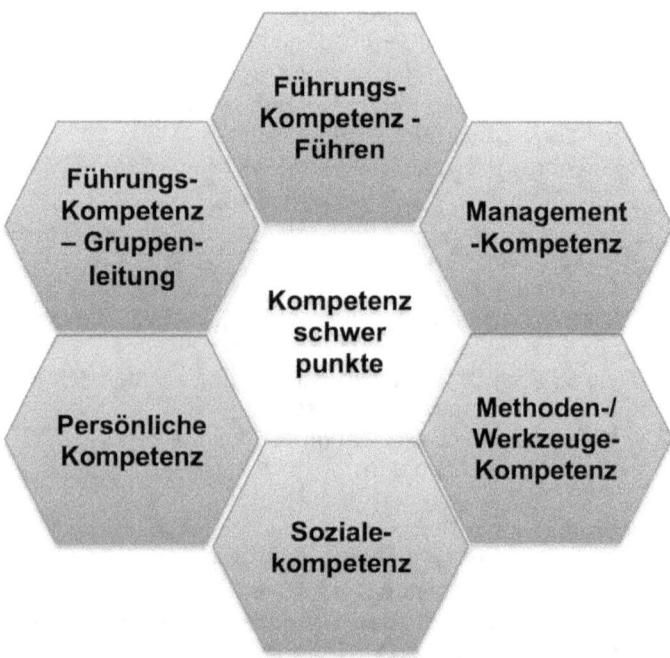

Abbildung 46 Kompetenzschwerpunkte im **PEP-**VR©

Inhalte und Ausprägungen der Kompetenzen orientieren sich an der VDI Richtlinie *Wertanalytiker/ Value Manager* VDI 2801 Blatt 1: 2010-05 Berlin:Beuth-Verlags

Benötigte Kompetenzen im **PEP-VR**©

- **Managementkompetenz**
  Managementkompetenz ist für die Rollenverantwortlichen (alle oder spezifische) in allen Phasen erforderlich. Aus diesem Grunde wird sie hier in ihren Ausprägungen zentral für alle Rollen beschrieben.

  - Relevante Gremien erkennen und frühzeitig einbeziehen
    - Betriebsverfassungsrechtliche Organe
    - Offizielle Interessenvertretungen
    - Offizielle Berichts- und Entscheidungswege

  - Informellen Informationsaustausch pflegen
    - Informelle Informationsquellen erkennen
    - Informellen Informationsaustausch nutzen

  - Informellen Organigramme kennen
    - Offizielle Organigramme kennen - informelle Strukturen erkennen
    - Informelle Organigramme erkennen und Relevanz für die Arbeit beurteilen
    - Meinungsführer erkennen
      (Anforderungs-, Projekt-, Zielemanager)
    - Informationen, welche die jeweiligen Strukturen bieten, sinnvoll nutzen

  - Das Projekt im Unternehmen repräsentieren
    (Auftraggeber, Projekt-, Zielemanager)
    - Projekt in seiner Bedeutung für das Unternehmen erkennen und entsprechend repräsentieren
    - Interessen der einzelnen Projekt-Mitglieder, gegenüber anderen Interessen vertreten
    - Projekt in angemessener Weise "gegen Angriffe verteidigen"
    - Projekt gegebenenfalls unter Wahrung und Ausgleich der Interessen aller Beteiligter auflösen oder verändern

- Sich der Rolle des Unternehmers im Unternehmen auf Zeit bewusst sein
  (Anforderungs-, Projekt-, Zielemanager)

- Ergebnis- und Statuspräsentationen adressatenorientiert planen und durchführen
  - Ergebnis und Statuspräsentationen dramaturgisch planen und erfolgreich durchführen
    (Projekt-, Zielemanager)
  - Relevante Präsentationstechniken sicher beherrschen
  - Relevante rhetorische Fertigkeiten beherrschen
  - Interessen anwesender Entscheidungsträger erkennen und berücksichtigen
  - Auf Einwände der Entscheidungsträger angemessen reagieren

- **Führungskompetenz - Führen**
  Führungskompetenz ist für die Rollenverantwortlichen (alle oder spezifische) in allen Phasen erforderlich. Aus diesem Grunde wird sie hier in ihren Ausprägungen zentral für alle Rollen beschrieben.

  - Rollenkompetenz
    - Führungskraft mit /oder mit eingeschränkten disziplinarischen Möglichkeiten
    - alltägliches Führungsverhalten

  - Diagnostische Kompetenz
    (Auftraggeber, Projekt-, Zielemanager)
    - spezielle Fähigkeiten und Fertigkeiten bei den Projektmitglieder erkennen
    - Projekt-Team (wenn möglich) an den Kompetenzen der potentiellen Mitglieder orientiert zusammenstellen
    - Aufgaben (wenn möglich) entsprechend der Kompetenzen der Mitglieder delegieren und koordinieren
    - distanzierter Blick auf das Gesamtgeschehen und dessen Notwendigkeiten

  - Führungsmethodenkompetenz
    - Führung durch Zielvereinbarung
    - Konsequenzen planen und ausführen
    (Auftraggeber, Projekt-, Zielemanager)

  - Beratungskompetenz
    - Kompetenzen der Mitglieder fördern
    - zu deren Erweiterung beitragen

  - Kompetenz zum laufenden Paradigmenwechsel
    (Auftraggeber, Anforderungs-, Projekt-, Zielemanager)
    - projektinterne Interessen und Notwendigkeiten zu den größeren Zusammenhängen und Bedürfnissen des Gesamtunternehmens in Beziehung setzen größtmögliche Balance herstellen zwischen den Projektinteressen, den Unternehmensinteressen und den Interessen der Projekt-Teammitglieder

- Führungskompetenz - Gruppenleitungskompetenz

- Methodenkompetenz
  - Diskussionsleitungsmethoden kennen und beherrschen
  - Die wesentlichen Moderationstechniken beherrschen
  - Aus verschiedenen Methoden situationsgerecht die angemessene auswählen können
  - Dramaturgie für Meetings sicher entwickeln können

- Gruppendynamische Kompetenz
  (Auftraggeber, Anforderungs-, Projekt-, Zielemanager)
  - wesentliche Elemente der Gruppendynamik kennen und in die Tätigkeit einbeziehen
  - Entwicklungsstadien einer Gruppe kennen und erkennen
  - Konflikte und Krisen erkennen, dazu muss er wesentlichen Konfliktarten kennen, wie Rollenkonflikte,
  - Interessenkonflikten usw.
  - Konflikte ansprechen, Konflikte bearbeiten
  - Neue Projektmitglieder integrieren
  - Die Trennung von Projektmitgliedern einleiten und begleiten
  - Die Projektgruppe durch alle Phasen der Gruppenentwicklung inkl. Entstehung und Auflösung begleiten
  - Effektive individuelle Spielregeln für die Projektgruppe mit der Gruppe entwickeln und vereinbaren
  - Die Projektgruppe bei der Überwachung der Einhaltung der Spielregeln unterstützen
  - Die Interessen von Einzelnen und Projektgruppe ausbalancieren, um Hochleistung zu erzielen
  - Für die Dauer des Projektes für Identifikation mit Projekt, Prämissen, Anforderungen und Zielen sorgen

- Gesamtprozess angemessen gestalten
  (Auftraggeber, Anforderungs-, Projekt-, Zielemanager)
  - Kick off Meetings
  - Status Meetings
  - Reviews, ggf. auf virtuellem Weg gestalten

○ **Soziale Kompetenz**
Soziale Kompetenz ist für die Rollenverantwortlichen (alle oder spezifische) in allen Phasen erforderlich. Aus diesem Grunde wird sie hier in ihren Ausprägungen zentral für alle Rollen beschrieben.

- Kommunikationskompetenz
  - Kommunikationssituationen erkennen, analysieren und gestalten
  - Partnerorientierte Kommunikation beherrschen
  - Kommunikative Rahmenbedingungen schaffen und erhalten um motiviert hohe Leistungen zu erbringen
  - Aktiv Zuhören können
  - Entdeckte Konflikte und Krisen mutig ansprechen
  - Sich deutlich und verständlich ausdrücken
  - Rhetorik und Präsentationstechniken beherrschen
  - Feedbackmethode beherrschen, erfolgreich einführen und anwenden *(Auftraggeber, Projekt-, Zielemanager)*

- **Persönliche Kompetenz**
Persönliche Kompetenz ist für die Rollenverantwortlichen in allen Phasen erforderlich und wird hier in ihren Ausprägungen zentral für alle Rollen beschrieben.

- Selbstbewusstsein -
  Abgleich von Selbst- und Fremdbild
  - Einfordern und verarbeiten von Feedback zu seiner Person und seinem Verhalten
  - Verfolgen und kommunizieren klarer eigener Ziele
  - Bewusstsein eigener Stärken und Schwächen und deren Einbeziehen in das Handeln

- Stressresistenz
  - Sich ständig ändernde Kontextbedingungen
  - Krisen in der Projektgruppe *(Projekt-, Zielemanager)* und der Aufgabenbewältigung
  - kurzfristig veränderte Kundenwünsche
  - sich ändernde Projektgruppenzusammensetzung

- Weitere Komponenten sozialer Kompetenz
  - sicher mit persönlichem Stress umgehen
  - glaubwürdig sein, authentisch auftreten, Menschen begeistern
  - pro aktiv und neugierig auf Menschen zugehen
  - Leistung seiner Mitarbeiter bewusst sein und würdigen
  - hohe Eigenmotivation bzw. extrem hohe Frustrationstoleranz besitzen
  - offen und konstruktiv mit Problemen und Ängsten anderer Menschen umgehen
    (Auftraggeber, Projekt-, Zielemanager)

- Zeitmanagement
  - Prioritäten setzen
  - Wichtiges von Dringlichem unterscheiden
  - exzellentes Zeitmanagement besitzen
  - Multitasking Fähigkeiten besitzen

- Lern- und Anpassungsfähigkeit
  - in hohem Maße sich wandelnde Bedingungen berücksichtigen
  - sich ständig selbst weiterentwickeln
  - sich ständig weiterbilden
  - sich ständig neuen Herausforderungen stellen

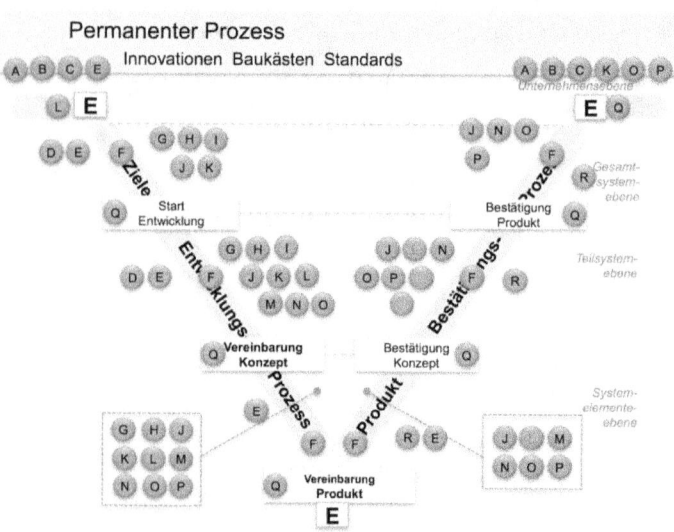

Abbildung 47 Methoden im **PEP**-*VR*©

○ **Methoden-/** Werkzeuge-**Kompetenz**
(Methoden s. Produkte mit **PEP** Methoden, Werkzeuge)
Die Arbeit im PEP-VR© wird durch den Einsatz von in der Praxis bewährten Methodiken, Methoden und Werkzeugen unterstützt. Methodenkompetenz ist für die Rollenverantwortlichen in allen Phasen erforderlich.
Die Methodiken bzw. Methoden können in vier Gruppen gegliedert werden.

- Methoden zur Definition von Strategie und Zielen
  - Technology Forecasting (A)
  - Szenariotechnik (B)
  - Technology Roadmap (C)
  - Analyse der Anspruchsgruppen (D)
  - Market research (E)
  - Quality Function Deployment (QFD, F)
  -

- Methoden zur Entwicklung von Produkten
  - Value Analysis /Value Engineering (VA/VE, G)
  - Funktionen-Analyse/ Funktionale-Leistungs-Beschreibung (FA /FLB, H)
  - Design to Objectives / Cost (DtC, I)
  - Target Costing, Costing (TC, J)
  - Konfigurations- /Variantenmanagement (K)
  - Kreativitäts-Techniken (L)
  - Risiko-/ Problemanalyse (RA/ PA, O)
  - Änderungsmanagement (P)

- Methoden zur Auswahl/ Entscheidungsfindung
  - Vorgehensentscheidung (VG, Q)
  - Nutzwert-Analyse (Q)
  - Entscheidungs-Vorbereitung (EV, Q)

- Methoden zur Absicherung erarbeiteter Ergebnisse
  - Design for Manufacturing & Assembly (DFM/ DFA, M)
  - Failure Mode and Effect Analysis (FMEA, N)
    Ausprägungen System-, Design-, Prozess-Analyse
  - Problem-Analyse (PA, N)
  - Vorgehens-Absicherung (VA, N)

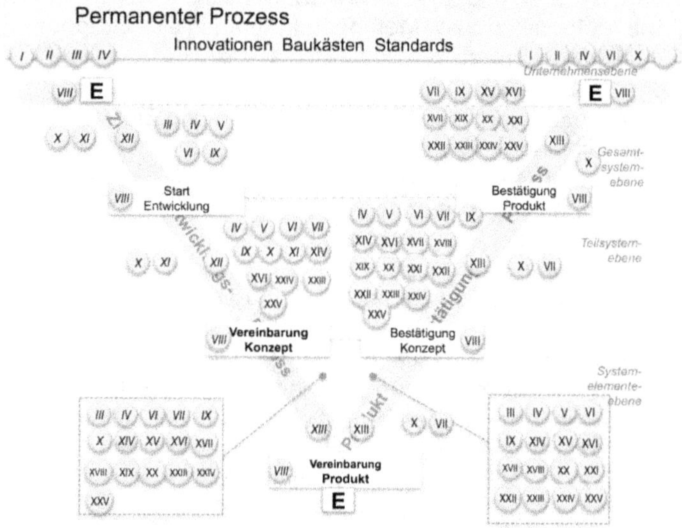

Abbildung 48 Werkzeuge im **PEP**-*VR*©

o Methoden-/ **Werkzeuge-Kompetenz**
(Werkzeuge s. Produkte mit **PEP** Methoden, Werkzeuge)
Die genannten Methoden zur Produkt- und Prozessgestaltung können diskret oder vernetzt mit anderen Methoden und Werkzeugen im Rahmen der Projektarbeit genutzt werden.

Werkzeuge können im Rahmen der Projektarbeit eigenständig eingesetzt werden oder sie werden genutzt um Methoden zu unterstützen und helfen Ergebnisse zu generieren oder abzusichern.

- Werkzeuge zur Definition von Strategie und Zielen
  - Benchmark (I)
  - ABC-Analyse/ Pareto-Analyse (II)
  - Auswahl Projekt (III)
  - Bewertung der Projektrentabilität (IV)

- Werkzeuge zur Entwicklung von Produkten
  - Analyse von Beeinflussungen (V)
  - Morphologisches Tableau (VI)

- Werkzeuge zur Auswahl/ Entscheidungsfindung
  - Ressourcenplanung (Plan/ Ziel-Abgleich, VII)
  - Kosten/ Nutzen-Analyse (VIII)
  - Teamarbeit (IX)
  - Moderationsmethode (X)
  - Paarweiser Vergleich (unvollständiger, XI)
  - Kostenbewertungsverfahren – Schätzklausur (XII)
  - Definition von Arbeitspaketen (AP, XIII)
  - Liste offener Punkte (LOP, XIV)

- Werkzeuge zur Absicherung erarbeiteter Ergebnisse
  - Prozess-Analyse (XV)
  - Herstellbarkeits-Analyse (XVI)
  - Kontinuierlicher-Verbesserungs-Prozess (KVP, XVII)
  - 5S-Methode (XVIII)

Kompetenzen	Detailanforderungen	notwendig für Rolle	Basis	Standard	Fortgeschritten	Professionell	Excelent
Managementkompetenz	Relevante Gremien erkennen und frühzeilig einbeziehen	✓			X		
	Informellen Informationsaustausch pflegen	✓			X		
	Informellen Organigramme kennen	✓			X		
	Das Projekt im Unternehmen repräsentieren	✓			X		
	Ergebnis- und Statuspräsentationen adressatenorientiert planen und durchführen	✓			X		
Führungskompetenz - Führen	Rollenkompetenz	✓			X		
	Diagnostische Kompetenz	✓			X		
	Führungsmethodenkompetenz	✓			X		
	Beratungskompetenz						
	Kompetenz zum laufenden Paradigmenwechsel	✓			X		
Führungskompetenz - Gruppenleitungs- kompetenz	Methodenkompetenz	✓				X	
	Gruppendynamische Kompetenz	✓				X	
	Gesamtprozess angemessen gestalten	✓				X	
Soziale Kompetenz	Kommunikationskompetenz	✓				X	
Persönliche Kompetenz	Selbstbewusstsein - Abgleich von Selbst- und Fremdbild	✓				X	
	Stressresistenz	✓				X	
	Weitere Komponenten sozialer Kompetenz	✓				X	
	Zeitmanagement	✓				X	
	Lern- und Anpassungsfähigkeit	✓				X	
Methoden-/Werkzeug- Kompetenz	*Methoden zur Definition von Strategie und Zielen*						
	- Technology Forecasting (A)						
	- Szenariotechnik (B)						
	- Technology Roadmap (C)	✓		X			
	- Analyse der Anspruchsgruppen (D)	✓				X	
	- Market research (E)	✓			X		
	- Quality Function Deployment (QFD, F)	✓			X		
	Methoden zur Entwicklung von Produkten						
	- Value Analysis /Value Engineering (VA/VE, G)	✓		X			
	- Funktionen-Analyse (FA, H)	✓			X		
	- Funktionale-Leistungs-Beschreibung (FLB, H)	✓			X		
	- Design to Objectives / Cost (DtC, I)	✓			X		
	- Target Costing, Costing (TC, J)	✓			X		
	- Konfigurations-/Variantenmanagement (K)	✓				X	
	- Kreativitäts-Techniken (L)	✓		X			
	- Risiko-/ Problemanalyse (RA/ PA, O)	✓				X	
	- Änderungsmanagement (P)	✓				X	
	Methoden zur Auswahl/ Entscheidungsfindung						
	- Vorgehensentscheidung (VG, Q)	✓			X		
	- Nutzwert-Analyse (Q)						
	- Entscheidungs-Vorbereitung (EV, Q)	✓				X	
	Methoden zur Absicherung erarbeiteter Ergebnisse						
	- Design for Manufacturing & Assembly (DFM/ DFA, M)	✓	X				
	- Failure Mode and Effect Analysis (FMEA, N)	✓	X				
	- Problem-Analyse (PA, N)	✓	X				
	- Vorgehens-Absicherung (VA, N)						
	Werkzeuge zur Definition von Strategie und Zielen						
	- Benchmark (I)	✓			X		
	- ABC-Analyse/ Pareto-Analyse (II)	✓			X		
	- Auswahl Projekt (III)	✓			X		
	- Bewertung der Projektrentabilität (IV)	✓		X			
	Werkzeuge zur Entwicklung von Produkten						
	- Analyse von Beeinflussungen (V)	✓			X		
	- Morphologisches Tableau (VI)	✓				X	
	Werkzeuge zur Auswahl/ Entscheidungsfindung						
	- Ressourcenplanung (Plan/ Ziel-Abgleich, VII)	✓				X	
	- Kosten/ Nutzen-Analyse (VIII)	✓				X	
	- Teamarbeit (IX)	✓				X	
	- Moderationsmethode (X)	✓				X	
	- Paarweiser Vergleich (unvollständiger, XI)	✓			X		
	- Kostenbewertungsverfahren – Schätzklausur (XII)	✓			X		
	- Definition von Arbeitspaketen (AP, XIII)	✓			X		
	- Liste offener Punkte (LOP, XIV)	✓			X		
	Werkzeuge zur Absicherung erarbeiteter Ergebnisse						
	- Prozess-Analyse (XV)						
	- Herstellbarkeits-Analyse (XVI)	✓			X		
	- Kontinuierlicher-Verbesserungs-Prozess (KVP, XVII)	✓	X				
	- 5S-Methode (XVIII)	✓	X				

Abbildung 49 Anforderungsprofil Ziele-/Anforderungsmanager im **PEP-**$VR^{©}$

x ... Zielwert Kompetenz

Verzeichnis der Abbildungen

Abbildung 1 Der Standard – PEP (lineares Phasenmodell) 6
Abbildung 2 Prozessmodell **PEP-**$VR^©$ und der Standard PEP 8
Abbildung 3 Der *Permanente Prozess* – die Projektebasis 10
Abbildung 4 Die drei Leit-Prozesse im **PEP-**$VR©$ 12
Abbildung 5 Prozesse im **PEP-**$VR^©$ - Überblick 14
Abbildung 6 Produkt-Entwicklungs-Prozesse und deren
  Verortung im **PEP-**$VR^©$ 15
Abbildung 7 Prozess Anforderungsentwicklung im **PEP-**$VR^©$ 16
Abbildung 8 Prozess Ziele-/Anforderungsmanagement
  im **PEP-**$VR^©$ 18
Abbildung 9 Prozess Konfigurationsmanagement 20
Abbildung 10 Prozess Produktintegration im **PEP-**$VR^©$ 22
Abbildung 11 Prozess Ursachenanalyse/ Ursachenbehebung 24
Abbildung 12 Prozess Risikomanagement im **PEP-**$VR^©$ 26
Abbildung 13 Prozess Zuliefermanagement im **PEP-**$VR^©$ 28
Abbildung 14 Prozess Technische Umsetzung im **PEP-**$VR^©$ 30
Abbildung 15 Prozess Validierung im **PEP-**$VR^©$ 32
Abbildung 16 Prozess Verifizierung im **PEP-**$VR^©$ 34
Abbildung 17 Prozess Entscheidungsfindung im **PEP-**$VR^©$ 36
Abbildung 18 Unterstützende Prozesse im **PEP-**$VR^©$ 38
Abbildung 19 Prozess Innovationsmanagement im **PEP-**$VR^©$ 40
Abbildung 20 Prozess Prozessentwicklung im **PEP-**$VR^©$ 42
Abbildung 21 Prozess Prozessausrichtung im **PEP-**$VR^©$ 44
Abbildung 22 Prozess Prozess-Leistungsfähigkeit im **PEP-**$VR^©$. 46
Abbildung 23 Prozess Aus- und Weiterbildung im **PEP-**$VR^©$ 48
Abbildung 24 Prozess *Fortgeschrittenes* Projektmanagement
  im **PEP-**$VR^©$ 50
Abbildung 25 Prozess *Quantifiziertes* Projektmanagement 52
Abbildung 26 Prozess Projektplanung im **PEP-**$VR^©$ 54
Abbildung 27 Prozess Projektverfolgung, Projektsteuerung 56
Abbildung 28 Prozess Qualitätssicherung Prozess/ Produkt 58
Abbildung 29 Rollen im **PEP-**$VR^©$ - Überblick 60
Abbildung 30 Rollen und deren Einbindung in den **PEP-**$VR^©$ 61
Abbildung 31 Rolle Auftraggeber/ Entscheider im **PEP-**$VR^©$ 62
Abbildung 32 Rolle Standard-Anforderungsmanager (Std.-A) 64
Abbildung 33 Rolle Anforderungsmanager im **PEP-**$VR^©$ 66
Abbildung 34 Rolle Innovationsmanager im **PEP-**$VR^©$ 68
Abbildung 35 Rolle Baukastenmanager im **PEP-**$VR^©$ 70
Abbildung 36 Rolle Projektmanager im **PEP-**$VR^©$ 72
Abbildung 37 Rolle Ziele-/Anforderungsmanager im **PEP-**$VR^©$ .. 74
Abbildung 38 Rolle Ziele-/Anforderungsmanager im **PEP-**$VR^©$ .. 76
Abbildung 39 Rolle Konzeptverantwortliche Entwicklung 78
Abbildung 40 Rolle Konzeptverantwortliche Vertrieb 80
Abbildung 41 Rolle Konzeptverantwortliche Qualität 82

Abbildung 42 Rolle Supply Chain Manager im **PEP**-*VR*®............84
Abbildung 43 Rolle System Evaluierer im **PEP**-*VR*®...............86
Abbildung 44 Rolle Änderungsmanager im **PEP**-*VR*®............88
Abbildung 45 Rolle Risikomanager im **PEP**-*VR*®....................90
Abbildung 46 Kompetenzschwerpunkte im **PEP**-*VR*®............92
Abbildung 47 Methoden im **PEP**-*VR*®...................................100
Abbildung 48 Werkzeuge im **PEP**-*VR*®.................................102
Abbildung 49 Anforderungsprofil Ziele-/Anforderungsmanager .104

Literaturverzeichnis

CMMI® for Development, Version 1.2;
Pittsburgh: Carnegie Mellon Software Engineering Institute
CMU/SEI-2006-TR-008,ESC-TR-2006-008

Wertanalytiker/ Value Manager VDI 2801 Blatt 1: 2010-05
Berlin: Beuth-Verlags

Bücher der Reihe
Produkte mit PEP

Produkte mit PEP
V-orientiert, Ressourcenoptimiert entwickeln
ISBN 978-3-8482-2875-1

Produkte mit PEP
Methoden, Werkzeuge
ISBN 978-3-7322-3594-0

Persönliche Referenzen von InnoVAVE-Harald Grundner

Automotive

Anlagenbau

Dienstleistungsunternehmen

Feinwerktechnik - Medizintechnik

Chemie - Pharma

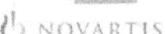 

Der Autor

Harald Grundner managt seit 1985 Projekte und unterstützt Unternehmen im Bereich Entwicklung und Optimierung von Produkten und Dienstleistungen.

Dabei baut er auf sein Studium an der TU Wien, nutzt seine praktische Erfahrung als selbständiger Konstrukteur, Projektleiter im Triebwerksbau und sein Beratungswissen aus Projekten bsph. in der Luftfahrt, der Medizintechnik, im Maschinen– und Anlagenbau und im Dienstleistungsbereich.

Neben seiner Tätigkeit als Projektleiter vermittelt er Wissen und Erfahrungen in Trainings und Seminaren. Wissen und Erfahrung hat er auch in Richtlinien zu Projektmanagement und Wertanalyse des Vereins Deutscher Ingenieure VDI eingebracht.

Seit 1988 ist er Wertanalyse Lehrer /Trainer in Value Management, seit 2000 Trainer in Projektmanagement.

Der Impuls

Knappe Ressourcen und enge Terminpläne sind häufig die Randbedingung, wenn Unternehmen externe Projektmanager verpflichten. In der Regel helfen dann nur noch Erfahrung, Systematik und Projektmanagementwissen.

Das Buch

Das Buch beschreibt Methoden und Werkzeuge um den **PEP**-*VR*$^©$, einen Prozess mit dem Projekte unter schwierigen Randbedingungen schnell, effektiv und effizient zum Erfolg geführt werden können.

Das Buch richtet sich an Unternehmen und Projektmanager, welche den Erfolg ihres Unternehmens in der Zukunft fest im Blick haben, Kenntnisse und Erfahrungen des Unternehmens zielgerichtet immer wieder nutzen und in der Praxis evaluierte Projektmanagement-Prozesse umsetzen wollen.